생명의 진화

생명의 진화

처음 읽는 진화 입문서

박상윤

전파과학사

차례

머리말

현재 지구 위에 생존하고 있는 다양한 생물은 지구 역사의 일부로서 진화한 결과이다. 그러나 역사성을 고려하지 않고 현존 생물이 갖는 생명현상만을 추궁하려는 경향은 20세기 생물학에서도 강하게 보였다.

이러한 경향에서 탈피할 수 없다면 생명과학을 일차원에 머물게 할 것이며 한계점에 도달하는 시기를 재촉할 것이다. 진화학은 거대한 시간에서 생명현상을 바라보도록 할 것이며 그럼으로써 올바른 생명관을 수립할 수 있는 지름길이 마련될 것이다.

필자가 대학에서 진화학 강의를 시작한 지만 30년이 되지만 아직도 이 방면에 있어서 문외한이나 다름없다. 다만 그동안에 느낀 점이 있다면 생명과학을 공부하는 이나 이 방면에 흥미를 가진 이들이 진화를 이해하고 자기 자신의 이론에 이를 도입함으로써 공간적인 생명관에서 탈피해 자신의 차원을 높여갈 수 있었다고 생각된다. 진화는 시간과 공간적인 실험결과만으로 설명할 수 없고 사변적인 차원도 마련돼야 할 것이다.

우리나라에서 출판된 이 방면의 저서로는 김훈수가 간단하게 요약한 것(1959)과 김호식이 《종의 기원》을 번역한 것(1958), 그리고 공태훈, 최임순이 이를 개역한 것(1971)과 이민제가 번역한 것(1969)이 있는데 이는 모두 다윈의 《종의 기원》(제6판)을 대본으로 한 것이다.

따라서 우선 서설적(序說的)인 진화학 책이 요청돼 오던 중 현대과학신서의 기획에 참여해 우리나라에서는 최초로 진화학 책으로서 빛을 보게 되니 이 이상의 영광은 없다. 손영수 사장을 비롯해 편집기획위원 여러분께 감사드린다. 더욱이 조그만 책이 빛을 보도록 격려해 주신 이우성 박사, 구용 김영탁 교수, 이가원 박사, 이광인 교수 그리고 송상용 교수에게 깊이 감사드린다.

이 책에서 사상사 부분에 어느 정도 중점을 둔 것은 최초로 출판됨에 따라 독자에게 참고가 되길 바랐기 때문이다. 한편 '진화의 입증'에 있어서 고생물, 형태학, 발생학, 분류학, 분포학 등 여러 방면에서 고찰할 수 있겠으나 이 방면에 대한 개념은 초등학교, 중학교, 고등학교, 심지어는 대학의 교재에까지 소개돼 있으니 이 점은 간략하게 서술했다. 생리학적, 생화학적, 분자생물학적 면에서 진화의 사실을 증명하려고 노력한 점은 필자의 전공이 그 쪽이기 때문이기도 하니 양해를 바란다. 입문서로서도 읽히도록 노력했으나 좁은 식견을 무릅쓰고 세상에 내놓으니 부끄럽기만 하다. 문고판의 성격으로 보아 재미있는 《진화》가 돼야 하겠지만, 우리나라 첫 출간이라는 흥분에 교과서적인 성격으로 나온 점도 함께 변명해 둔다. 이 점도 용서하기 바란다.

선배와 동료 및 관심 있는 이들의 가르침을 바라면서, 생명과학도는 물론 일반 교양인들도 함께 즐기는 책이 된다면 더할 나위 없이 기쁘겠다.

박상윤

서론

우주 공간에서 지구가 생성된 건 약 45억 년 전에 있었던 일이라고 추정하고, 이후 오늘날에 이르는 지구사에 있어서의 물질변천 과정에서 생명의 탄생이 있었으리라고 생각한다. 즉 생명체는 물질의 진화 과정에서 화학반응계가 발전해 이루어진 것이다. 초기 지구는 너무 뜨거웠기 때문에 산소(O), 수소(H), 질소(N), 탄소(C) 등이 원소 상태로 있었으나 지구가 식어감에 따라서 이들이 결합해 암모니아(NH_3), 메탄(CH_4), 수소(H_2), 물(H_2O) 등 간단한 화합물을 이루게 됐다고 생각한다. 이들은 다시 유기화합물로 발전했다. 나아가 고분자 유기화합물로 진화했으며, 이들은 코아세르베이트(coacervate)[1]를 거쳐 생명 단계에 이르렀다. 이런 생명은 복잡하면서도 능률적인 화학반응계인데, 이것이 일정한 형태를 갖추면서 개체로서의 생물이 기원했다고 생각한다. 버널(J. D. Bernal,

1901~1971)은 생명체의 발전과정을 세 단계로 구별하고 있다.[2] 첫 번째 단계는 화학적으로 활발한 물질이 모이고, 그들 사이에 여러 가지 화학반응이 진행하는 동안에 안정한 형의 반응계가 성립된다. 이는 후에 생물로 발전할 가능성이 있는 계이다. 이를 '생명의 기원'이라 했다. 두 번째 단계는 안정된 화학반응계가 더욱 안정화해 독립생활을 할 수 있고 가시적인 모습을 갖춘 생물체가 형성됐는데 이를 '생물의 기원'이라 했다. 세 번째 단계로 원시생물이 각 방향으로 분화하고 발전한 생물의 종이 나타나며 세포의 구조가 확립됐는데 이것을 '종의 기원'이라 했다. 다윈(Charles Robert Darwin, 1809~1882)의 《종의 기원》[3]은 이 세 번째 단계를 문제 삼은 것이고, 오파린[4](Alexandr Ivanovich Oparin, 1894~1980)은 첫 번째와 두 번째 단계를 문제삼아 '생명의 생성과 초기의 발전'을 과학적으로 설명하고 있다.

오늘날의 진화학은 '종의 기원'이 핵심을 이루고 있고 그 발전과정, 즉 계통학적 연구가 생명과학의 모든 분야에서 이뤄지고 있다. 현재 지구상에는 가지각색의 생물종이 살고 있는데 이러한 다양성(organic diversity)은 생물 진화의 결과이다. 진화학은 이러한 다양성의 유래를 밝히는 학문이다. 생물은 생식을 통해 조상으로부터 유전자를 물려받아 종의 특성을 유지하지만, 현재 지구에 있는 다양한 생물종이 제각기 다른 조상을 가졌다고는 생각할 수 없다. 새로운 종들은 지구의 역사 속에서 이미 있었던 종으로부터 형성된 것들이다. 즉, 모든 생물은 공통의 조상에서 유래했으며, 그 형태와 기능이 저차원에서 고차원으로 발전하면서 오늘날의 다양성이 있게 됐다. 또한, 모든 생물은 공통의 조상에서 갈라져 나왔기 때문에 서로 유연관계가 있고 형태적으로나 기능면에서 공통적인 기본형을 찾아볼 수 있다. 비슷한 형질을 갖고 있는 사람과 원숭이류는 공통 조상으로부터 갈라져 나왔다. 그렇다고 해서 원숭이가 변화해 사람으로 발전한 것은 아니다.

　진화학은 우선 생물학의 모든 분과에 걸친 여러 가지 자료를 비교 검토하면서 시간에 따른 변천, 즉 진화의 사실을 입증한다. 근세에 와서 비교생화학적 자료[5]가 풍부해짐에 따라서 상동(homology)과 상이(analogy)개념은 분자 수준까지도 확대돼 확고해졌으며 플로킨(M. Florkin, 1906~1979)은 동급[6](isology)개념을 도입했다. 동급이란 화학적으로 유연관계가 있는 생체고분자를 뜻한다. 시토크롬(cytochrome), 페록시다아제(peroxidase), 헤모글로빈(hemoglobin), 클로로크루오린(chlorocruorin)들은 모두 헴(heme) 유도체란 점에서 동급이라 한다. 사람과 말의 헤모글로빈을 비교하면 프로토헴(protoheme)은 서로 같지만 글로빈(globin) 단백질의 아미노산 배열에 차이가 있다. 쌍둥이는 말과 사람보다 동급 정도가 높다. 동급 정도가 높은 단백질의 일차구조는 동급 정도가 높은 DNA 염기배열의 복사로 이루어진 것이다. 때문에 단백질의 일차구조도 유사성이 크고 상동이라고 할 수 있다. 이것은 단백질의 상동 정도가 DNA 염기의 동급성에 의존함을 의미

한다. 상동은 유전적 배경을 가지고 있는 데 반해서, 동급은 단순히 화학적 성질만을 고려한 것이다.

그러나 35억 년의 오랜 시간에 걸쳐서 나타난 오묘한 생명현상을 분자론적 입장에서만 설명하기에는 현대과학이 너무도 무력하다. 따라서 생태 단위의 생물학도 필요하게 된다. 즉, 분자생물학적 생명해석[7]과 생태단위의 생명현상과의 융합이 필요하게 되고 이들 양극을 연결시키는 길이 모색돼야 하겠다. 근년에 이러한 노력이 적응과 대사계의 관계에서 논의되고 있기도 하다.[8]

생명현상의 단순한 법칙성이며 일면성을 면치 못한다는 비판도 있지만 '개체발생은 계통발생을 되풀이 한다.'는 헤켈(Ernst Heinrich Haeckel, 1834~1919)의 '진화재연설'[9] (recapitulation theory=ontogeny recapitulate phylogeny) 이 미크로의 생물학에서도 고려돼야 할 이론적 소지는 있다. 헤켈의 이론이 진화를 실증할 만한 것이 못 된다 하더라도 현상론적으로는 어느 한계 내에서 시인되는 점이 있는 것이고 이러한 문제가 방향성의 개념에서 검토될 수 있어야 한다. 오늘날의 진화이론은 대부분이 헤켈의 진화재연설에 기초를 두고 있다고 해도 과언이 아니다.

생물진화가 멘델[10](Gregor Johann Mendel, 1822~1884) 의 유전이론을 기초로 해 환경과의 대립에서 해결에 의해 방향지어진다는 생각은 다른 차원에서도 고려돼야 하겠다.

생물체 내에서 일어나고 있는 복잡한 화학반응은 대부분

연계적이며 계열성이 있는 화학반응계에 있어서 여러 갈래의 줄기를 가지고 있기 때문에 이들 줄기 사이에는 조절이 필요하게 된다. 따라서 화학반응계열은 가능한 방향과 불가능한 방향이 있게 된다. 가능한 방향이라 할지라도 쉽게 일어날 수 있는 경우와 드물게 일어나는 경우가 있다. 어느 경우든지 환경과의 대립에서 합리성을 지니고 있고 안정성을 얻을 수 있으면 진화 궤도에 오르게 되고 생명과정의 중요한 부분으로 참여하게 될 것이다.

자연계에 존재하는 아미노산은 모두 L형이고 탄수화물은 모두 D형이다. 이러한 사실은 지사학적(地史學的)으로 이유가 있어야 하겠고 생물체의 화학반응은 L형 아미노산이나 D형 단당류를 기초로 해 각각 여러 가지 단백질이나 이당류 또는 다당류 등이 이루어질 수 있었고 이들의 계에 속하는 물질로 다양화되는 발전과정은 방향적인 것으로 투영된다. 더욱 생명의 탄생과 발전이 지구 역사의 한 부분이고 그 특수성이 탄소화합물과 그것을 중심으로 한 대사 풀을 기초로 해 이루어졌다고 생각할 때 화학적 사상이 복잡하고 종적변이가 크다 하더라도 공통양식으로 환원시킬 수 있어 방향성과 같이 고려될 수도 있을 것이다.[11]

수많은 대사 풀은 제각기의 계열성을 유지하면서 총체적인 물질대사계를 형성한다. 이는 시간적, 공간적으로 상호 화합을 이루고 있을 뿐 아니라 끊임없이 개체의 보존과 재생산의 질서를 유지하며 환경 속에서 항상성을 유지하면서 생존한다는 면에서도 거의 완전하게 적응돼 있다. 이러한 적합성은 모든 생물에 적용되고 있으나 비생물계에서는 찾아볼 수 없다. 합목적성이 생물의 특질이라고는 하나 목적론에 따라서 이를 받아들여서는 안 된다. 이러한 합목적성은 오랜 진화과정, 즉 시간에 따른 생명의 발전과정에서 얻어진 것이기 때문에 영원한 시간에서의 현재인 것이다.

이러한 발전개념은 그리스의 철학자들이 사색했던 것인데 아리스토텔레스(Aristoteles, B.C. 384~322)의 '자연의 계단' 개념에 이르러 대체로 그 윤곽을 드러냈다. 그러나 진화사상을 체계화한 것은 라마르크(Jean Baptiste Pierre Antoine de Monet Lamarck, 1744~1829)의 《동물철학》[12]과 다윈의 《종의 기원》이고, 특히 다윈은 자연도태를 진화요인으로 삼아서 기계론적 성취를 보여줬다.

그 후 진화개념은 확고한 사실로서 인정받게 됐고, 생물학은 이를 주축으로 해 발전을 거듭하면서 오늘날에 이르렀다.

---

1   단백질은 콜로이드(colloid) 상태를 이루게 되고 주위의 조건에 따라서 졸(sol)⇄겔(gel)의 가역적 변화를 한다. 졸 상태에서는 단백질 알갱이는 같은 부호로 하전해 서로 반발할 뿐 아니라 각각 물의 피막(卞容, hydration mantle)을 둘러쓰고 있으나, 겔 상태에서는 이러한 일이 없어지고 앙금으로 가라앉는다. 주위 조건에 따라서 공통인 물의 피막 속에 여러 개의 알갱이가 들어 있을 수 있는데 이것이 코아세르베이트이다. 코아세르베이트는 주위의 물과 한계를 짓고 있으며 이것을 통해서 물질이 드나들 수 있다.

2   Bernal, J. D., *The Physical Basis of Life*(1951), Routledge and Kegan Paul Ltd., London. 저자는 생물물리학자이다.

3   Darwin, C., *The Origin of Species*, 원제는 *On the Origin of Species by Means of Natural Selection or the Preservation of Favoured Races in the Struggle for Life*(1859), John Murray. 제6판 (최종판, 1872).

4   《생명의 기원》(1936), 《지구상의 생명의 기원》(1957), 《생명-그 본질, 기원, 발전》(1960), 《생명의 기원-생명의 생성과 초기의 발전》(1966).

5   Florkin, M. and H. S. Mason, Ed., *Comparative Biochemistry* (1960~1964), Vol. I-VII, Academic Press, New York and London.

6   Florkin, M., *A Molecular Approach to Phytogeny*(1966), English Edition by Elsevier Publishing Co., Amsterdam.
     Florkin, M. and E. Schoffeniels, *Molecular Approach to Ecology*(1969), Academic Press, New York and London.

7   Florkin, M., *L'Evolution biochimique*(1944), Masson, Paris; 영역본 S. Morgulis, *Biochemical Evolution*(1949), Academic Press, New York.
     Anfinsen, C. B., *Molecular Basis of Evolution*(1959), John Wiley & Sons, Inc., New York.
     Jukes, T. H., *Molecules and Evolution*(1966), Columbia Univ. Press, New York and London.
     Florkin, M., *A Molecular Approach to Phylogeny*(1966), Elsevier Publishing Co., Amsterdam.
     Biochemical Evolution and the Origin of Life(1971), Molecular Evolution II, North-Holland. 1970년 Florkin의 만 70세 생일을 기념하기 위해 생화학적 진화에 관한 국제회의가 벨기에에서 열렸다.

그때의 강연집.

8   Florkin, M., *Aspects moléculaires de l'adaptation et de la phylogénie*(1966), Masson, Paris.

     Florkin, M. and E. Schoffeniels, *Molecular Approach to Ecology*(1969), Academic Press, New York and London.

9   Haeckel, E. H., *Generelle Morphologie der Organismen*(1866). 이러한 반복현상은 다윈의《종의 기원》에서도 지적됐는데 이를 정식화했다.

10   Mendel, G. J., *Studien uber die Pflanzenhybriden*.

     1865년 2월 28일 브륀(Brünn)의 자연사학회(Natural History Society)에 발표한 논문은《브륀 자연연구회지》제4권(1866)에 실렸다.

11   Florkin, M., *Unity and Diversify in Biochemistry*(1960), Pergamon Press, London.

12   Lamarck, J. B. P. A. de Monet, *Philosophie zoologique*(1809)

1

진화사상사

생물진화의 관념은 생명기원의 개념과 더불어 막연하게나마 고대 사상가들의 깊은 관심을 모았다. 물론 현대적 의미를 갖는 것은 아니지만 고대 그리스의 학자들은 이러한 문제를 깊이 사색했었다. 탈레스(Thales, B.C. 624~546)를 대표로 하는 이오니아(Ionia)의 자연철학자들은 우주의 원질(原質), 즉 원시물질을 규명하기 위해 노력했다. 대체로 그들은 우주의 원질을 규정하고 다양화로의 발전가능성이 형성력으로서 그 원질 속에 포함돼 있다는 개념을 가지고 있었다. 때문에 원질에 대한 생각에 따라 고대 자연철학자들의 사상을 파악하는 방향이 달라지는데, 어떤 경우든지 오늘날 진화개념과 직접 연결 지을 수는 없다. 고대의 단편적 진화 사상을 주워 모아 현대의 진화 사상과 상응시켜 보려는 시도도 있고, 한편으로는 고대, 중세의 진화사상을 무시하고 근대 진화론을 논의할 수도 있다.

그러나 현대의 진화론이 성립되기까지는 고대와 중세 진화사상의 영향이 있었기 때문에 이를 도외시하고 현대의 이론만을 논의할 수는 없다.

자연에 대한 고찰은 신화(myth)에서 논리(logos)로 진행했고 더욱 나아가서는 경험에 기반을 두게 됐다고 하는데 신화시대에서의 이행은 기원전 7세기 경이라고 생각되지만 생물학을 창설하고 실증적 관찰과 사실을 체계화한 이는 아리스토텔레스이다. 그러나 생물에 대한 관찰은 그에 앞서서 엠페도클레스(Empedokles, B.C. 493~433)에 의해서 이루어졌으므로 그를 고대 진화론자로 부르기도 한다. 학자에 따라서는 그의 '적자생존'의 이론이 다윈의 '최적자생존원리'와 일치한다고 하나 다윈은 동종 개체 간 변이 중에서의 선택에 주안점을 두고 있어 엠페도클레스를 다윈 사상의 선구자라고 하기에는 의문의 여지가 있다. 플라톤(Platon, B.C. 427~347)의 조카 스페우시포스[1](Speusippos, B.C. 395~339)도 생물은 단순에서 복잡으로 발전하고 최후에 사람에 도달한다고 생각했고, 그 과정은 '진실로 역사적인 것'이라 했다. 아리스토텔레스는 형상개념과 밀접한 내적인 완성원리(entelecheia), 즉 질료(質料)에 의한 것이라 했고 개념은 현대과학의 기본이념과 상반되는 입장이다. 그는 후세 진화론의 장벽적 역할을 했다고 할 수도 있겠으나 문제 제기의 역할을 한 점에서 진화론 탄생의 동기를 마련했고 또 그 발전을 촉진했다고 할 수도 있다.

아리스토텔레스 이후 18세기까지는 생물진화에 대해서

사색한 사람들이 없었다. 르네상스(Renaissance) 이후에는 방대한 생물에 접하게 돼 이를 정리하는 과정에서 진화사상이 새로운 모습으로 등장했다. 이어 19세기에 들어서면서 라마르크와 다윈에 의해서 체계가 세워져 현대 진화론의 기반이 공고히 세워졌다.

1. 그리스의 진화사상

그리스 자연철학자들의 사상이 근대 사상과 일치한 점이 많지만 이것은 우연한 일이고 그들 중에는 우주창조에 대해서 사색한 사람이 많았었기 때문에 생물기원과 그 변화과정에 대해서도 사색하게 됐던 것이다.

탈레스는 원시물질이 물이라고 생각했다. 신의 창조를 믿지 않고 자연 속에서 만물의 근원을 찾으려고 했다. 그는 모든 사물은 물에서 발생한다고 생각했다. 그의 제자 아낙시만드로스(Anaximandros, B.C. 610~546)는 태양열로 말미암아 진흙에서 거품이 나오고 이것에서 원시생물이 발생했는데 이로부터 어류와 같은 동물로 발달했고 그중 어떤 것은 육지에 올라와서 생활양식이 변하고 변형해 육서동물로 되고 마지막으로 사람까지 발달했다고 했다. 더욱 식물도 진흙에서 발생한 원시생물에서 발달했다고 했다.[2] 탈레스나 아낙시만드로스의 생각은 다 같이 신의 개입을 배제하고 있다는 점이 주목된다. 엘레아 학파의 대표 크세노파네스(Xenophanes, B.C. 6세기경)는 생물기원에 대해서 아낙시만드로스의 생각을 대체로 계승했다. 산 위에서 해서동물의 화석을 발견하고 그곳은 이전에 바다 밑이었을 것이라고 추측했다.

헤라클레이토스(Herakleitos, B.C. 544~483)는 불을 우주의 근원으로 보고, 모든 것이 불에서 나와 불로 돌아간다고 했다. 생성돼 있는 모든 것은 유전해 결코 같은 흐름에 들어가지 않는다. 생성에는 위와 아래의 두 방향이 있어, 모든 변화의 발생은 그의 대립과 모순에 의해 일어난다. 이와 같은 대립, 상극의 현상은 이성, 즉 로고스(logos)에 의해 지배되고 또 로고스에 의해 만물의 전변이 이루어지며 전체로서의 조화가 이루어진다고 했다. '만물이 유전한다'라는 생각은 물질대사를 예언한 것이고 생존경쟁의 생각도 헤라클레이토스에서 시작됐다고 하는 이들도 있다.

엠페도클레스는 화(火), 수(水), 기(氣), 토(土)의 4원소의 결합과 분리를 들어 우주현상을 설명하려고 했다.

아리스토텔레스는 천체연구에 있어서는 다른 사람들의 일을 집대성했을 뿐이지만, 생물학에 있어서는 개척자였다.[3] 이전에도 엠페도클레스나 스페우지포스 등 생물연구자가 있었지만 아리스토텔레스는 실증적 관찰이나 그 결과의 체계화에 있어서 뛰어난 업적을 남겼다.[4] 아리스토텔레스의 철학이 목적론이었기 때문에 생물학에 있어서도 목적론이 그 기반에 있다. 그는 가능성을 지니고 있는 질료(hylē)에 현실성을 부여하는 형상(eidos) 개념으로 '자연의 계단'(scala naturae)이라는 형태로 자연을 질서지워 나가고 있다. 생물학에 관한 그의 사상의 일부가 진화론과 관계를 맺는 것은 자연에 존재하는 모든 건 연속적 계열로 배열될 수 있다는 생각이다. 즉 식물에서 동물로, 단순한 체제에서 복잡한 체제로 발달한다. 이러한 기본적인 생각은 형상이 전혀 없고 질료만 있는 것, 즉 현실성이 없고 가능성뿐인 것으로부터 질료가 형상보다 우세한 비생물을 거쳐 형상이 질료보다 우세한 생물에 이르는 계단이 있으며 생물에 있어서의 형상은 완성원리, 즉 엔텔레키(entelechy)라 했다. 이러한 개념은 발생학에도 도입돼 알이나 배(胚)에서 성체로의 발생 과정도 사색했다. 자연계에서의 계단은 목적성이 있는 것으로 생각하고 관찰 결과를 질서지우기 위해 목적론을 내세웠다. '생물의 계단'은 비생물류의 상위에 식물을 뒀다. 그 위에는 동물이 있다. 그리고 식물에서 동물로의 이행은 연속적이었다. 멍게나 말미잘류의 몸은 육질이지만 해면이 식물과 비슷한 것은 이러한 이행을 뜻하는 것이며 동물에서도 조금씩 차이가 생겨 점차 생명과 운동력이 증대돼 간다고 생각했다.

'자연의 계단'에서 멍게류 위에는 조개류가 놓여졌는데, 이들은 운동성이 없거나 있더라도 약간의 이동력밖에 없는 점이 식물에 가깝다는 것이다. 그 위에 절지동물이 위치하고 그 위에 두족류가 오며 그 위에는 척추동물이, 최상위에 포유류가 자리 잡고 있다. 이처럼 하위 생물로부터 상위 생물이 순차적으로 생겼다고 하는 계열성은 진화개념에 가깝지만 시간적 과정으로서의 생성이나 유래의 관념은 없었던 것 같다.

한편 진화의 중요한 문제로 적응현상이 있는데 아리스토
텔레스는 생물체의 구조가 그의 생존을 위해서 교묘하게 적응
돼 있는 것은 그들의 생활목적에 맞는 것이라 하고 많은 관찰
에서 동물기관의 적응력을 들고 있다. 따라서 적응의 자연적
생성을 아리스토텔레스에게서는 얻을 수 없었으므로 후대 진
화론의 발전을 저해했지만, 적응을 진화의 중요한 문제점으로
제기했다.

2. 아리스토텔레스 이후

로마 사람은 통상과 군사 두 측면에서 그리스와 접촉했다. 기
원전 200년경, 마케도니아 전승 시 왕의 장서와 지식인을 인
질로 데려와서 헬레니즘(Helenism)을 받아들였지만 로마 사
람의 소박한 경험주의는 그리스 사람의 이론적 순수과학을
받아들여 이를 육성할 만한 기반이 없었으므로 기술면에서
만 어느 정도의 성과가 있었다. 그리스에서는 아리스토텔레스
의 동물학과 그의 제자 테오프라스토스[5](Theophrastos, B.C.
372~287)가 체계화한 식물학이 자연지적 연구에 최초의 결
실을 가져온 업적이었다. 그러나 로마의 석학이라는 플리니
우스(Gasius Secundus Plinius, 23~79)의 《자연지》[6]는 백과
사전적 지식의 집성이라는 방향을 취하게 된다. 즉 로마 사람
은 실제적 응용면에만 치우친 기술주의에 사로잡혀 이론적인

학문은 자취를 감추고 중세로 접어든다. 의학에 있어서 갈레노스(Claudius Galenos, 128~199)의 해부학과 생리학은 하비(William Harvey, 1578~1657)가 실험적으로 증명할 때까지 약 1,400년 동안 진리로 여겨졌다. 로마 사람의 실용존중의 사상은 그리스 시대에 찬란하게 꽃피웠던 순수과학을 계승하지 못했으며 이에 종교적 영향까지 힘을 모아 자연연구는 암흑에서 헤어나지 못하고 초자연적인 사색으로 빠져들고 말았다.

이처럼 유럽이 문명 상실 속에서 허덕이고 있을 때 아랍 사람들에 의해 그리스 과학이 계승됐다. 아비케나(Avicenna, Ibn Sina, 980~1037)는 아리스토텔레스의 전 저서 20권의 해설을 썼는데 그중 동물학의 주석은 라틴어로 남아 있다. 더욱 아비케나가 로마의 갈레노스의 저작을 개작한 《의학정전》(Kanon, 1,000년경)은 유럽에 보급돼 대학 교재로 채용됐다. 한편 아베로에스(Averroes, Ibn Rushd, 1126~1198) 역시 아비케나와 마찬가지로 중세철학의 주춧돌로서 아리스토텔레스의 동물학에 관한 여러 저서의 주석을 썼다. 아랍 사람에 의해 지켜진 과학은 1,200년경 에스파냐를 거쳐서 남쪽 이탈리아를 통해 아랍의 문헌이 유럽에 보급되기 시작했다. 13세기가 되면서 신 중심의 중세도 새로운 세대로의 전향이 보이기 시작했다. 대 알베르투스 마그누스(Albertus Magnus, 1207~1280)나 베이컨(Roger Bacon, 1214~1294) 등은 '과학은 사실의 직접적인 관찰에 의해야 하고, 고전은 그리스 원전에 의해야 하며, 신학은 성서에서 출발해야 한다.'라고 해 과학과 신학의 구별을 강조했다. 그 후 14~16세기에 걸쳐 근대 생물학으로의 이행기로 르네상스를 맞이한다. 즉 중세의 신 중심 문화에서 고대와 같은 인간 중심의 문화로 크게 전향하려 했고 여기에 자연주의적·인문주의적 풍조가 싹트는 새로운 시대를 상징하게 된다. 길고도 지루한 문명 상실 시대가 십 수 세기 동안 계속된 것이다. 생물 연구도 이 무렵에 풍부한 자료 수집과 관찰이 이루어졌다. 17세기 초에는 현미경의 발명으로 생물체의 미세구조까지도 밝히게 됐다.

이미 16세기 후반부터 정세는 현저하게 변해갔다. 코페르니쿠스(Nicolaus Copernicus, 1473~1543)의 '대양중심설'[7]을 채용했고, 데카르트(Rene Descartes, 1596~1650)가 '동물기계론'을 주장함으로써 기계론적 생명관이 움트기 시작했으나 인간은 동물기계에서 제외되고 있었다. 이러한 생명관은 라 메트리(Julien Offray de La Mettrie, 1709~1751)의 《인간기계론》[8]에 이르러 데카르트의 기계론적 생명관을 더욱 공고하게 했다. 이로써 생명관은 생기론과 기계론이라는 두 가지 입장이 대립하게 됐다. 생기론은 목적론을 기반으로 한 것이고 기계론은 모든 생명현상을 인과론적으로 해석한다. 자연현상의 인과성은 뉴턴(Issac Newton, 1643~1727)의 《자연철학의 수학적 원리》[9]로써 더욱 굳어졌고 생명기피론을 확고히 하는 역할을 했다.

르네상스는 13세기에서 시작해 16세기경까지 이른다. 이

시기는 봉건사회의 말기와 겹쳐지는데, 과학뿐 아니라 모든 문화가 신생하는 시기였다. 그렇기 때문에 그리스 문명의 의식적인 흡수와 부흥의 노력이 있었다. 대륙의 발견, 찬란한 예술, 종교의 개혁 등이 일찍부터 있었지만 자연과학의 르네상스는 그 뒤를 이어서 16세기경부터 시작됐다. 이 무렵에도 종교가 과학을 억압했지만, 과학은 새로운 방법론을 확립하고 있었다. 그 방법은 인과론에 바탕을 두고 실험과 관찰에 입각해 자연법칙을 발견하는 식이었다. 전형적인 예로 갈릴레오(Galileo Galilei, 1564~1642)를 들 수 있다. 그는 아리스토텔레스의 '신성한 예지'라든가 '지도적 이성' 등은 단순히 사변적인 것이며 지상의 운동현상은 수학적 필연성에 의한다고 했다. 한편 베이컨(Francis Bacon, 1561~1626)은 실험을 토대로 한 귀납적 연구방법을 창시했고 과학적 철학 체계를 수립했다.

기재적 자연지적 박물학은 탐험 여행과 더불어 시작됐는데, 이로부터 근대 생물학을 탄생케 한 것은 베이컨과 하비의 업적에서 출발한다. 하비는 베이컨과 갈릴레오의 연구방법을 기초로 하고 베살리우스(Andreas Vesalius, 1514~1964)의 《해부학》[10]과 더불어 근대적 방법의 기초를 세웠다. 베살리우스의 해부학적 관찰과 하비의 생리학적 실험이 인체를 바탕으로 두고 이뤄졌으며 이로써 1,000년이 넘도록 권위를 유지해 온 갈레노스의 생리학을 구시대의 것으로 만들었다. 하비는 그의 논문 《동물의 심장과 혈액의 운동에 관하여》[11]에서 동물에 의한 실험관찰과 수학적 계산으로 혈액순환의 원리를 증명했다. 갈릴레오의 '측정할 수 있는 것은 측정하고 측정할 수 없는 것은 측정할 수 있도록 한다.'라는 명제를 하비는 '서적에가 아니고 해부로부터'(Non ex libris, sed dissectionibus) 실천한 셈이다. 그는 목적론적 사상을 버리고 실험적 연구의 길을 개척했다. 아울러 생리현상을 물리·화학적으로 설명하려는 기계론적 생물학으로의 터전을 마련했다.

3. 근대 분류학의 성립

아리스토텔레스 이후 진화사상은 엿볼 수 없게 되고, 르네상스 이후에도 진화개념은 좀처럼 나타나지 않았다. 분류학의 체계를 세운 린네(Carl von Linné, 1707~1778)까지도 종의 불변을 믿고 있었다. 18세기에 비로소 진화개념의 체계가 세워지기 시작했으나 생물학의 다른 분야에 비하면 그 출발이 늦은 셈이다. 그러나 진화론이 생물학의 모든 분야를 포괄해 시간의 축으로 체계세우는 점에 있어서 출발이 늦었던 것은 당연한 일이다.

분류학은 '종의 개념'을 확립해야 하기 때문에 '종의 변화'를 전제로 해 진화를 이해하려는 태도를 취하게 된다. 바우힌(Gaspard Bauhin, 1560~1624)의 식물 연구는 성과가 크지는 않았지만 그의 《식물일람표》[12]는 약 6,000종의 식물을 정리했고 그 나름대로의 방법으로 명명했다. 속과 종을 구별해 이명법을 채용했는데 린네는 이보다 1세기 후에 이명법을 일반화했었다. 레이(John Ray, 1628~1705)는 식물학을 연구[13]하다가 1691년부터는 동물학에 몰두해 종의 개념을 맨 처음으로 수립했다. 그는 '몇 대를 내려가도 그 생물의 특성이 계속되는 것'을 단순하게 '종'이라 했다. 그러면서도 종의 중간에 있는 약간의 변종을 관찰해 불변하는 일정한 특성에는 종의 개념을 부여하지 않았다. 즉, 종의 변이도 인정했고 그 명법과 비슷한 명명법도 사용했으나 종은 신이 창조한 것이라 믿고 있었다. 레이 이전에는 이용면이나 외부적 특성만으로 분류했었다. 즉 풀, 나무, 관목 등과 같이 분류했으나 레이는 식물에 있어서 단자엽(單子葉)과 쌍자엽(双子葉)을 구별했고 또 과일, 꽃, 잎, 그 밖의 특성을 가지고 자연체계의 실마리를 찾았다. 동물도 사족수, 조류 및 곤충 등으로 정리해 자연분류로의 길을 열었다.

린네는 여행자나 박물학자들이 채집한 방대한 동식물 표본을 정리해 명명하는 방법을 수립했다. 그 명법을 완성해 1749년에 처음으로 사용했고 《식물의 종》[14]과 《자연의 체계》[15]에서 이를 도입했으며 식물은 전자를, 동물은 후자를 기준으로 해 혼란한 동식물명을 명쾌하게 정리했을 뿐 아니라 국제적으로도 공통적으로 사용돼 오늘날도 이 방법이 쓰이고 있다. 더욱 현재 사용되고 있는 동식물의 학명 중에 린네가 명명한 것이 대단히 많다. 린네의 분류는 방법적 배열로서 인위적인 분류였다. 그는 식물계를 24강으로 분류했지만 자연의 체계를 고려한 자연분류가 아니고 편의상 또는 종을 검증하기 위해 구성했던 것이다. 그는 식물의 유연관계를 기초로 한 자연체계를 식물학 연구의 최고 목표로 삼았으나 이를 완성하지 못했다. 린네의 또 하나의 중요한 업적은 레이의 종의 개념을 더욱 강조한 점이다. 레이는 종의 변화를 인정했지만 린네는 종의 일정불변을 믿었고 신이 창조한 종의 수는 불변이며 창조 후에는 '신종은 없다'(Nulla species nova)라고 했다. 그러나 만년에는 많은 관찰에서 1속 내의 종은 처음에는 1종뿐이었을지 모른다고 한 점은 잡종에 의한 신종의 생성 가능성을 시사한 것이고 《자연의 체계》 최종판인 제12판에서는 '종의 불변'을 강력히 설명한 부분을 삭제했다.

자연분류가 확립돼 생물의 자연적 유연관계가 선명해지면서 진화개념이 움트는 토대가 이룩됐다. 그리하여 진화론이 성립되면 자연분류의 체계는 생물의 계통적 유연관계를 반영하게 되고 또 한 진화 경과를 설명하게 될 것이다. 자연분류는 식물에서 먼저 이뤄졌는데 쥐시외(Antoine Laurent de Jussieu, 1748~1836)와 캉돌(Augustin de Candolle, 1778~1841)에 의해 강조됐고, 동물은 라마르크(Jean-Baptiste Lamarck, 1744~1829)가 대표자의 한 사람이다.

4. 진화론의 선구자들

'종의 불변설'이 종교와 제휴해 많은 박물학자의 관념을 지배하고 있었으나 몇몇 박물학자들은 현존 생물의 다양성이 과거의 생물과 생식을 통해 연속성을 지니고 있고 조상 생물로부터 유래한 것이라 생각하고 있었다. 이러한 생각은 아리스토텔레스까지 거슬러 올라갈 수 있다.

근대 사상에 있어서도 '종의 변화'는 진화에 있어서 근본적인 문제이다. 이러한 진화사상의 실마리는 이미 아리스토텔레스에서 시작됐고 그것이 아무리 공상적이고 사색적인 것이었다 하더라도 의미 있는 것이다. 그 모습이 뚜렷하게 나타난 것은 18세기부터이다. 진화론이 새로운 학설로서 성립되기 위해서는 관찰에 의한 많은 사실 수집과 실험 결과가 필요하고 그것을 질서지워야 한다.

린네는 본초학에서 박물학[16]으로 이행케 하는 계기를 만들었다. 즉 자연물 자체의 성질을 앎으로써 그것을 질서지우고 체계적으로 정리하는 단계에까지 도달했던 것이다. 박물학이 진화학 발전의 배경을 이루게 된 것은 생물계를 넓게 포괄하고 있고 그로써 질서지우려고 하는 관념 또는 이론이 추출되기 때문이다.

르네상스 이후 여행과 탐험으로 수집된 방대한 동식물은 처음에는 본초학적 의미에 초점을 뒀으나 16세기경부터는 박물학 단계에 들어섰고, 그의 발전을 배경삼아 18세기에는 진화의 관념을 갖게 됐다. '자연의 질서'에 관한 관심은 18세기의 특색이라 할 수 있다.

한편 18세기는 뉴턴역학의 수학적 전개의 시대라고 할 수 있다. 이는 자연현상의 인과론적 사고를 수립했고 이러한 생각은 생물학에 있어서는 낡은 생명관을 버리도록 작용했으며 기계론적 생명관의 방향을 탐색케 하는 효과가 있었다.

인과성의 관념을 기조로 해 역사적으로 자연을 보려는 태도는 프랑스에서 태동해 발전했는데 이러한 사상이 생물진화론의 모태를 이루었다.

(1) 연속성의 원리

독일의 철학자 라이프니츠(Gottfried Leibniz, 1646~1716)에 관해 하버(F. C. Harber)[17]는 "라이프니츠는 17세기 말에 존재의 대연쇄에 관해 아리스토텔레스적 개념 및 자연의 충만과 다양성의 인지를 융화시켜서 유명한 연속성의 원리에 도달했다."라고 했다. 여기서 말하는 '존재의 대연쇄'란 아리스토텔레스의 '자연의 계단'을 가리킨다고 생각된다. 자연의 계단 개념을 포함하고 있는 '연속성의 원리'가 생물계도 지배한다. 라이프니츠는 "자연계에 있어서 모든 것은 정도의 차를 가지고 진행한다. 어떠한 것도 도약에 의한 것은 없다. 이 법칙은 나의 연속율의 일부이다. 어딘가에는 원숭이와 사람의 중간종이 있을지도 모른다."라고 했으며 종의 변화에 대해서도 언급하고 있다.

로스탕(Jean Rostand, 1894~1978)의 《종의 진화》[18]에서도 라이프니츠의 《인간오성신론》[19]에 쓰인 종의 변화에 대해 생각한 부분을 명백히 인용하고 있다. 즉 "사자, 호랑이, 살쾡이 등 고양이와 비슷한 성질을 갖는 약간의 동물은 전에는 같은 종족이었고 현재는 태고적 고양이의 분종일는지도 모른다.

즉 자연계의 종의 결정은 잠정적인 것이고…"라고 했는데 이처럼 라이프니츠가 종의 변화를 인정하고 있으나 변화의 범위에 따라서 진화론의 선구자 여부가 판정되겠다. 그러나 자연계 전체의 연속성을 생각할 때 생물계의 진화를 생각했었다는 견해도 성립된다. 라이프니츠의 "자연은 도약하지 않는다"(Natura non facit saltum)라는 말은 다윈이 즐겨 쓴 표현이다. 그는 이 말을 통해 진화과정이 비약적이지 않다고 주장했다. 자연계의 연속성은 직·간접적으로 진화론의 탄생과 발전을 촉진한 것이 틀림없다.

(2) 프랑스의 진화사상

모페르튀(Pierre Louis Moreau de Maupertui, 1698~1759)는 《인간과 동물의 기원》(1745)[20]을 익명으로 세상에 냈다. 그는 수학과 물리학에서 업적이 크기도 하지만 유전학과 진화론에 선구적인 사상을 가졌을 뿐 아니라 실제로 연구한 사람으로서 높이 평가받고 있다. 이 저작에서 흑인 알비노(albino, 백변종)의 기원을 취급하고 있지만 일반원칙으로서 유전의 근본은 생식에 있어서 암수로부터의 입자적 요소의 결합관계에 기인한다고 설명했다. 또한 이러한 요소의 변화로서 신종이 생긴다고 생각했다. 이처럼 변화한 자손 중에서 적응하지 못한 것은 멸망하고 적응한 것은 살아남아서 신종으로 된다고 했다. 따라서 생물학사가들 중에는 그의 생각을 자연선택의 관념이라고 하는 이도 있다. 그는 가축에 주목해 가축에서는 새로운 품종을 만들 수 있는데 자연계에서 신종이 생기지 않을 이유가 없다고 했다. 이어 6년 후에 출판된 《자연의 체계》(1751)에서 "2개의 개체만으로 상이한 종의 증식이 일어남을 설명하려는 일은 불가능할까. 그 증식의 발단이 되는 것은 부모동물과 다르게 만들어진 돌연의 산물뿐이다. 어느 정도의 편차가 있게 되면 신종이 탄생할 수 있으리라. 차이가 되풀이해 커짐으로써 오늘날 우리가 볼 수 있는 무한의 다양성이 생긴다."라고 한 것은 돌연변이에 의한 종의 기원설의 선구적 사상을 가졌다고 할 수 있다. 그는 소진화의 범위를 유전의 과학적 연구에 접근해 설명했고 신종의 기원에 관해 명백한 생각을 제시하고 있는 점에서 라이프니츠보다는 탁월하다.

뷔퐁(Georges Louis Leclerc de Buffon, 1707~1788)은 모페르튀와 더불어 프랑스 뉴턴 학파의 한 사람으로서 인과적 합칙성(合則性)을 무기계에서 유기계까지 발전시키려고 노력했다. 그의 생명관은 '유기분자설'이다. 동식물의 몸을 구성하는 무수한 생명원적 미립자, 즉 유기분자의 존재를 가정했다. 한 개체는 수백만의 유기분자가 집합한 것이고 이 미립자는 우주에 널리 존재하며 동물은 이들 미립자를 음식과 더불어 섭취해 동화하는데 그 일부가 생식기관에 모여 강자를 이룬다. 한편으로는 우주에 널리 퍼져 있는 이들 유기분자가 집합해 생물을 이루기도 한다는 생각을 가지고 있었다.

뷔퐁의 생각은 '자연발생설'의 하나인데, '배종설'과도 비슷한 점이 있다. 그에게는 자기모순된 논리도 존재한다. 저서를 보면 종 문제에 관해 처음에는 '종의 고정설'을 취했다가 중기에는 '진화설'을 주장했고 후기에는 다시 종의 고정설로 기울어지고 있다. 그의 연구와 사상은 《박물지》[21]에 수록돼 있다.

(3) 독일의 진화사상

다윈 진화론이 세상에 알려진 지 9년 후 헤켈은 《자연창조사》(1868)에서 라마르크, 다윈과 같이 칸트(Immanuel Kant, 1724~1804)와 괴테(Johann Wolfgang von Goethe, 1742~1832)도 진화론자로 이야기하고 있었다. 그런데 헤켈의 견해와는 달리 러브조이(Arthur Oncken Lovejoy, 1873~1962)[22]는 칸트의 여러 저작을 상세하게 검토하고 칸트를 진화론자라고 할 수 없다고 말했다.

칸트나 괴테를 진화론자라고 하는 데는 그만한 이유가 없는 것도 아니다. 칸트의 《판단력비판》[23]에서 "생물형태의 다양성은 대단히 크지만 하나의 공통원형에 따라서 만들어진 것처럼 생각된다. 따라서 이들 형태의 상사는 목적원리가 최대로 확립된 사람으로부터 폴립(polyp)에 이르기까지, 또 태류(苔類)나 지의류(地衣類)에 이르기까지 더욱 우리에게 알려진 자연의 최저단계, 즉 소재적인 물질에 이르기까지도 1종속은 타종속에 순차적으로 가까워지고 있고 어느 공통인 어머니(Ur-mutter)에서 점차적으로 생긴 것이며, 따라서 진실한 유연관계가 있음을 추리토록 한다."라는 부분이 있기 때문이다. 이러한 인용문만 발췌해 의미를 붙여서 진화개념을 가지고 있었다고 하면 의심할 여지는 없다. 그러나 그의 문장에 관한 각주를 보면 실증적 사실이 아니다. 따라서 어느 문장만으로는 칸트를 진화학자라 할 수 없다.

괴테를 진화론의 선구자라고 한 것도 헤켈이다. 그 논거는 에커만(Johann Peter Eckermann, 1792~1854)의 《괴테와의 대화》[24]에 기록된 말에 있다. 1830년 괴테가 "이 사건을 어떻게 생각하는가? 화산이 폭발했어. 모든 것이 타오르고 있어. 이미 밀실의 논의는 아니란 말이야." 라고 한 것이 칠월혁명을 뜻한 것으로 알았으나 사실은 생 힐레르(Isidore Geoffroy Saint-Hilaire, 1772~1844)와 퀴비에(Georges Cuvier, 1769~1832)의 논쟁을 뜻한 것이었다. 81세의 노시인 괴테가 이처럼 관심을 가졌던 이 논쟁은 1830년 파리의 아카데미에서 열렸었고, 이는 생물학사에서도 유명한 사건의 하나다.

이 논쟁은 진화에 관한 것으로 알려지고 있으나 사실은 비교해부학의 '형의 일치'에 관한 것이었다고 한다. 생 힐레르는 "모든 동물은 하나의 형으로 통일된다."라고 했고 퀴비에는 그것을 부정했던 것이다. 괴테가 생 힐레르에 찬성한 것도 진화개념에서가 아니고 비교해부학적 입장에서였다고 한다. 괴테의 연구 역시 《인간의 간악골발견》(1784), 《식물변태설》(1790), 《두개척추설》(1795) 등 비교해부학적인 것이었다. 동물의 여러 종에 공통적이고 그들 동물 구조의 기본이 되는 '형(typus)의 개념'에 입각하고 있다. 괴테는 원숭이에겐 있지만 사람에겐 없다고 하던 간악골, 즉 앞니뼈가 사람에도 있음을 확인했다. 이는 원숭이와 사람의 유사성을 보여줬고 포유류 전체의 머리뼈가 동일한 기본구조에 따르고 있다는 개념을 수립했었다.

괴테의 《식물변태설》에서는 꽃, 꽃받침, 꽃잎, 암술, 수술 등은 모두 원엽(原葉)의 변형이고 식물체의 여러 부분 사이에는 이행형을 볼 수 있다고 했다. 또 《두개척추설》은 포유류의 머리뼈가 여섯 개의 추골의 변형으로 성립돼 있다는 생각인데 《식물변태설》과 같은 개념에서 이뤄진 것이라 할 수 있다. 이 가설은 생 힐레르나 오켄(Lorenz Oken, 1779~1851)의 동의를 얻었다. 어느 경우든지 형의 개념을 주춧돌로 삼고 있는데 생 힐레르나 괴테의 '형'은 다른 학자들이 보면 '원형'으로 바뀌는 수가 많았다.

(4) 영국의 진화사상

18세기 독일의 진화사상은 거의 부정적이었다. 이에 반해 영국에서는 찰스 다윈의 조부인 이래즈머스 다윈(Erasmus Darwin, 1731~1802)의 진화사상이 진화론의 선구적 역할을 한 것으로 알려진다. 그는 뷔퐁의 사상을 근거로 해 생물의 기원과 발달에 관해 사색했고, 《동물생활론, 즉 생물의 생활법칙》[25]에서 이런 문제를 다루었다. 생명은 옛적에 한 번만 바다에서 생겼고 그것으로부터 점차 여러 가지 생물로 발달했다. 수서생물로부터 양서로, 그리고 다시 육서로 발달했다. 사람은 원숭이의 어떤 종속에서 발달한 것이고 엄지손가락의 대향성(對向性)이 성립돼 손을 사용하게 된 것을 기본적인 요건으로 보고 있다.

　동물의 발달에서는 환경의 변화가 동물체에 반응을 일으키게 해 그로써 몸이 변화해간다는 사상을 중시했다. 이래즈머스 다윈이 생명의 근원적 형태라고 한 것은 단섬유상인 것(living filament)인데 이는 정자의 형태에서 상정한 것이라 한다. 더욱 그의 진화사상의 배경을 이룬 것은 지구 역사의 햇수가 방대하다는 점이고, 이는 자연의 역사에 과학적 관심이 쏠린 것을 뜻한다.

5. 라마르키슴

진화론 선구자들이 품었던 사상은 단편적이었고 체계화된 것이 없었다. 라마르크(Jean Baptiste Lamarck, 1744~1829)에 이르러서야 비로소 체계를 갖춰 과학적 학설로써 체재를 정비해 진화론이 성립됐다. 그는 아리스토텔레스와 다윈의 중간에 위치한 탁월한 존재였다. 라마르크 이전에는 물론이고 다윈의 《종의 기원》이 나올 때까지 그의 《동물철학》[26]에 견줄 만한 공헌은 없었다.

　라마르크의 진화사상은 《무척추동물의 체계》[27]에서 처음으로 나타났다. 그는 무척추동물을 1801년에 7강, 1806년에 9강, 1809년에 10강으로 해 오늘날의 동물분류학에 접근했다.

1809년에는 《동물철학》에서 진화론을 체계적으로 설명하는 데 이르렀다. 이 저작은 분류학에 기초를 두고 있지만 진화론 이외에도 생명론, 감각론 등도 기술하고 있다. 이어 1815년부터 7년간에 걸쳐 《무척추동물지》 7권[28]이 간행됐다. 그중 제1권 서론에 생명과 진화 문제에 관한 그의 견해가 실려 있다.

(1) 라마르크의 진화론

라마르크는 《동물철학》 제1부 제3장에서 "'종'에 대해 사람들이 만든 관념이 어떠한 현실적 기초를 가지고 있는가를 판단하기 위해 내가 앞에서 서술한 제고찰로 돌아가 보자. 그것은 다음과 같은 것을 우리에게 보여주고 있다."라고 하며 그의 생각을 6항으로 요약하고 있다. 내용은 즉,

① 지구 상의 모든 유기체(생물)는 오랜 시간에 걸쳐서 자연이 계속적으로 만들어낸 진실한 생성물이다.

② 그 과정에 있어서 자연은 최초에 가장 단순한 유기체를 형성했는데 이런 일은 오늘날도 되풀이되고 있다. 자연이 직접 형성하는 것은 체재에 있어서 최초의 소묘에 한정된 것이고 이것이 '자연발생'이라는 말로 표현된다.

③ 동물과 식물의 최초의 소묘형이 적당한 장소와 환경 조건에서 형성된 것이기 때문에 창시된 생명의 능력과 설정된 유기적 운동의 제 능력이 점차로 제 기관을 발달시켜 왔고 오랜 시간이 지남에 따라서 이들 기관과 부분을 다양하게 한다.

④ 유기체 각 국소에서의 발육 능력은 최초로 생명이 실

현됐을 때부터 갖게 된 것이다. 그 능력으로 개체의 번식과 다양한 생식양식을 발현토록 했고 이로써 체재의 조성과 형태에 있어서의 획득한 진보와 제부분의 다양성이 유지돼 왔다.

⑤ 새로운 환경 조건과 새로운 습성이 생명이 가지고 있는 기관갱신의 능력과 더불어 감지할 수 없는 사이에 우리가 볼 수 있는 모든 현존 생물을 형성시켜 왔다.

⑥ 마지막으로, 이러한 순서로 생물은 각자 그 체제와 제부분에서 크고 작은 여러 가지 변화를 받아왔고, '종'이라고 하는 것은 우리가 인식할 수 없는 사이에 계속 형성된 것이며, 이러한 상태에서는 비교적 안정성을 가지고 머물러 있어서 자연과 마찬가지로 옛날 것일 수는 없다.

위 요약에서 자연발생은 무기물로부터의 발생을 뜻하는 것이고(②), 생명체 스스로 발전할 능력을 가지고 있다는 관념이 중심을 이루고 있으며 그 능력으로 생물은 필연적으로 형태의 다양성을 초래하게 되고 그것이 유지된다고 생각했다. 이 의식은 '전진적 발달'(progressive development)이라고 불리고 있다. 또 '생명의 능력'(pouvoir de la vie)이라 한 것이 생기론적 관념이 아님은 생명력(force vitale)이라고 하지 않은 것으로도 알 수 있다(③, ④). 후천적으로 얻은 획득형질은 생명이 지니고 있는 능력 위에 성립된다고 했으며 (④, ⑤), 종의 자연적 생성과 변화에 대해서도 명백하게 설명하고 있다(⑥).

위에서 ③, ④, ⑤로 요약한 부분에 대한 사상은《무척추동물지》제1권 서론에서 다음 네 법칙으로 내세우고 있다.

제1법칙: 생명은 그 자신의 능력으로써 지속적으로 생명체의 전체 또는 부분의 크기를 정해진 한도까지 증대하려고 한다.

제2법칙: 동물체에 있어서의 새로운 기관생성. 끊임없이 느끼고 있는 새로운 필요성과 욕구가 계속되면 그것을 지속적으로 유지하려는 운동의 결과 새로운 기관이 생성된다.

제3법칙: 기관의 발달과 능력은 항상 그 기관의 사용에 비례한다.

제4법칙: 개체가 일생 동안 획득해 인명(印銘)되고 변화한 모든 것은 자손에게 전해져 모든 세대에 걸쳐 보존된다.

제1법칙은 전진적 발달인데, 몸의 증대에 한정돼 있다. 제2법칙은 새로운 기관의 기원에 관한 것으로 심리적 요소와 넓은 의미에서 획득형질의 유전의 의상(意想)이 들어 있다. 제3법칙은 '용불용설'(use and disuse theory)이고, 제4법칙은 획득형질, 변이 또는 적응의 유전법칙이 라마르키슴(Lamarckisme)과 다위니즘(Darwinism)을 진화요인론에 있어서 대립된 개념으로 보고 있는 것이다. 라마르키슴은 18세기적인 '자연의 질서'에 관한 관심을 배경으로 해서 탄생한 것이고, 다위니즘은 자연현상의 철저한 원인탐구를 토대로 해 성립된 것이다. 진화의 요인에 대해서 라마르크도 자세하게 그의 가설을 진술했지만 그가 한 일은 분류학을 토대로 하고 모든 동물군의 질서를 확립하고 관련시키는 것이 실제적인 목적이었다. 결국 라마르크는 자연계의 질서, 즉 자연물의 배열과 관련이 중요한 문제였던 듯 보인다.

(2) 라마르키슴의 아류

생 힐레르는 21세의 젊은 나이로 파리의 자연사박물관[29](Museum d'Histoire Nature lie)의 척추동물학 교수로 있었다. 이때 라마르크는 곤충학·연충학 교수로 있어 동물학은 두 강좌였다. 생 힐레르는 강좌를 둘로 나누고 1793년에는 그중 하나를 퀴비에에게 줘서 비교해부학 교수로 있게 했다. 이 세 사람은 한때 동물학의 세 강좌를 나누어 맡았다. 이 밖에도 진화와 깊이 관련된 많은 학자가 이 박물관의 교수로 있었는데, 그들은 동료로서 함께 연구했으나 때로는 반대론자로서 심한 논쟁을 벌이기도 했다.

퀴비에가 라마르크의 진화론을 반대했던 일이나 1830년 파리의 아카데미에서 벌어진 퀴비에와 생 힐레르의 논쟁은 유명하다. 생 힐레르는 뷔퐁-라마르크 파에 속해 있었고, 퀴비에는 나폴레옹(Napoléon Bonaparte)의 신임을 얻어 학계의 주도권을 쥐고 자신의 '격변설'에 반대하는 진화론자를 억누르고 자기의 학설이 당시의 주류를 이루게 했다. 이에 따라 라마라크는 생물계에서 고립돼 그의 만년을 쓸쓸하게 지내기도 했다.

퀴비에는 비교해부학 이외에 고생물학의 창시자이기도 하다. 파리 분지의 제3기 지층에서 포유류의 화석을 발견한 것이 단서가 돼 1798년부터 논문이 나왔다. 라마르크도 퀴비에와 같은 제3기 지층에서 패류화석을 연구해 1802년부터 발표했으나 퀴비에에 미치지 못했었다. 퀴비에의 '천변지이설'은 "세계는 몇 번의 천변지이가 일어났는데 그때마다 대부분의 생물은 멸망하고 얼마 되지 않은 잔존생물이 번식해 번영한 것"이라 주장했다. 그 증명으로는 "옛날 패류의 화석 중에 현존 종과 같은 것이 있는 것으로 보아 현존 종과 다른 것은 천변지이로 멸망한 것"이라 했다. 이후의 "천변지이가 있을 때마다 모든 생물이 멸망하고 신이 다시 창조했다."라고 하는 가설은 퀴비에의 사상이 아니고 그 제자나 아류학자들에 의해 변질된 것이다.

생 힐레르와 퀴비에의 논쟁이 퀴비에의 승리로 끝난 것도 생 힐레르의 가설이 그 당시로서 무리한 점이 많았기 때문이기도 했다. 즉 생 힐레르는 그의 제자 로랑세(Laurencet)와 메이랑(Meyrant)이 쓴 《연체동물의 체제에 관한 약간의 고찰》이란 논문을 읽었다. 그것은 '두족류와 척추동물과의 구조상 유사성'에 관한 것으로 척추동물의 둔부를 구부리면 두족류의 체제와 같다는 논지로서 그의 중심사상인 '구조체제의 보편적 통일성의 원리'를 지지하는 것이었다. 이보다 전에 생 힐레르는 절지동물과 척추동물의 체제가 일치한다는 논문을 발표한 바 있다. 즉 외골격은 척추에 해당하고, 부속지(附屬肢)는 늑골에 해당한다고 했다. 동물계 전부가 하나의 '형'에 속한 체제로 성립된다는 생 힐레르의 의상(意想)에서 쓰여져 발표한 것이지만 퀴비에의 반론에 부딪쳤을 때 아무래도 그의 가설은 약세를 면할 수 없었을 테다.

네겔리(Karl Wilhelm von Nageli, 1817~1891)는 식물의 형태적 현상을 자연도태설로 설명하기에는 곤란한 점이 많음을 발견해 다윈의 진화론을 비판하고 '완성화의 원리'를 세웠으며 라마르크와 마찬가지로 하등생물의 자연발생을 인정했다. 즉, 무기물로부터 발생한 하등생물의 분자적 구성 중에는 장래 발전 가능성이 내포돼 있다고 생각한 것이다.

바겐(W. H. Wagen, 1841~1900)이 1869년에 패류(앵무조개류)가 일정 방향으로 발달함을 관찰했는데 이것이 정향진화의 토대가 돼 1871년에 코프(Edward Drinker Cope, 1840~1897)가 정향진화의 개념을 고생물학에 도입했고, 아이머(T. Eimer, 1843~1898)가 인시류(鱗翅類)의 날개 모양으로 진화현상을 설명하고 '정향진화'(orthogenesis)의 개념을 확립했다. 이들은 생물체 자신의 발달내인(發達內因)만 생각하지 않고 신다윈주의(Neo-Darwinism) 이상으로 환경요인을 고려하고 있다. 다만 환경조건과 그 변화에 대한 생물체의 반응능력이 생물 자체의 물질적 구성으로 강하게 제약된다고 주장하고 있다. 더욱 이들은 습성이나 환경조건의 직접 작용에 의한 획득형질의 유전을 인정하고 이것을 진화의 중요한 요인으로 삼고 있기 때문에 라마르크 주의자라고 하는 이들이 있다. 또 라마르크와 같이 코프나 아이머의 전진적 발달의 사상은 획득형질의 유전과 결합돼 있다.

다윈 이후 자연도태설을 반대하는 이들도 이를 전적으로 부정하는 것은 아니었다. 네겔리도 식물의 적응현상 전부가 자연도태의 결과가 아니라고는 생각하지 않았다. 어느 경우든지 자연도태의 작용을 얼마만큼 인정하느냐에 따라서 라마르키슴의 조류에 차이가 생기게 된다.

파울리(A. Pauli, 1850~1914)는 진화요인으로서 심리적 의욕을 인정했고, 제몬(Richard Semon, 1859~1917)은 외계의 영향이 생물체에 인상을 남겨 두어 생물체 장래의 발달에 작용한다고 했다. 이처럼 진화요인으로 심리적 요소를 중시하는 가설을 '심리라마르키슴'(Psycho-Lamarckisme)이라 하고 라마르키슴의 여러 아류를 '신라마르키슴'(Neo-Lamarckisme)이라 부르기도 한다. 또 심리라마르키슴만을 신라마르키슴이라 할 때는 그 밖의 여러 아류를 '라마르키슴'이라고 하기도 한다.

6. 다위니즘

(1) 다윈 진화론의 배경

현대 진화론을 성립시킨 찰스 다윈은 이래즈머스 다윈의 손자이다. 라마르크의 《동물철학》이 간행되던 해인 1809년 2월 12일에 태어났다. 그가 박물학자로서 근무를 지원해 해군성(海軍省)에 채용돼 측량함 '비글'(Beagle)호[30]를 타게 된 건 22세 때의 일이었다. 5년 동안 남아메리카, 오스트레일리아, 그 밖의 남태평양의 여러 섬을 주항하고 내륙까지 들어가서 동식물과 지질에 관해 면밀히 관찰했다. 이 때 채집한 자료들은 영국으로 보냈는데, 이는 각각의 전문가에 의해 조사됐다. 그러는 동안 자연에 관한 그의 생각이 선명해졌다. 방대한 관찰이 종의 변화를 인정토록 했고 진화이론에 도달케 한 것이다.

승선할 무렵에 간행된 라이엘(Charles Lyell, 1797~1875)의 《지질학원론》[31]은 그의 지질관찰에 많은 도움을 주었을 뿐 아니라 지표와 생물의 변화에 관해 문제를 제시했었다. 여행 중에 인상적인 것은 '아르헨티나의 대초원 퇴적물 중에서 나온 거대한 동물화석과 현존 종이 현저하게 다르지만 기본형은 유사한 점', '남아메리카 대륙을 북쪽에서 남쪽으로 가면서 비슷한 형의 동물이 점차 바뀌고 있는데 이것은 이 넓은 지역에서 단일종이 오랜 시간을 지나는 동안에 변화해 조금씩 다른 종이 생길 수 있다는 것', 그리고 '갈라파고스(Galapagos) 제도의 동식물은 아메리카 대륙과 같은 형이지만 이들 종의 대부분은 이 섬 특유의 것이며, 또한 각 도서에는 그 자체에 특유한 종이 대단히 많은 점' 등이었다. 이 중에서도 특히 그의 생각을 확고하게 한 건 갈라파고스 제도에서의 관찰로서 '동일군의 생물분포 및 생태와 관련된 형태적 분화'였다. 즉 '모든 동식물이 공통의 조상으로부터 유래한 것인데, 이곳 각각의 도서에 서로 격리됨으로써 상이한 것으로 돼가고 있다.'라는 생각을 하게 됐다.

귀국 다음 해인 1837년 7월부터는 진화 문제에 관한 초고를 기록하기 시작했다. 생존경쟁설에 관한 힌트는 맬서스(Thomas Robert Malthus, 1766~1834)의 《인구론》[32]에서 얻었다고 알려진다. 귀국 후 3년이 되던 1839년에는 그의 항해기[33]가 간행됐는데 이것은 1845년[34]과 1860년[35]에 제목을 바꿔서 개판했다. 이 '비글호 항해기'가 훔볼트(Alexander von Humboldt, 1769~1859)의 《남아메리카 여행기》(1811 이후)와 대단히 비슷한 점으로 보아 훔볼트의 영향이 컸음을 알 수 있다.

종의 기원에 관한 문제는 1842년부터 자료를 수집하기 시작했다. 고찰을 거듭해 1844년에는 대체로 윤곽을 잡아 그 개요를 작성했다고 한다. 그동안에 지질학과 동물학 연구를 저술했는데, 특히 저명한 동물학자로서 알려졌다. 만각류(蔓脚類)에 관한 연구[36]는 대표적인 업적이다. 1856년에 종의 기원에 대한 본격적인 저작에 착수해 절반도 마치지 못하고 있던 중 월러스(Alfred Russel Wallace, 1823~1913)가 말레이 군도(Malayan archipelago)의 말루쿠(Moluccas) 섬[37]에서 '신종 출현을 지배하는 법칙'에 관한 논문 「변종이 원종으로부터 무한히 멀어져가는 경향에 관하여」[38]를 1858년 2월에 다윈에게 보내면서 라이엘에게 제출해주기를 의뢰했었다. 같은 해 6월 18일에 이것을 받아본 다윈은 그 내용이 자기의 '자연도태설'과 같은 것을 알고 당황해 그의 연구를 알고 있던 라이엘과 후커(Joseph Dalton Hooker, 1817~1911)의 의견을 물었다. 그들의 주선으로 월러스의 논문과 함께 다윈의 저작의 발췌와 다윈이 그레이(Asa Gray, 1810~1888)에게 보냈던 1857년 9월 5일자 편지를 같이해 다윈-월러스 공저로 하여 공동표제를 붙였다. 이는 라이엘이 1858년 7월 1일 린네 학회(Linnean Society)에서 발표했다. 제목은 「종이 변종을 형성하는 경향에 대하여; 그리고 자연에서 일어나는 선택에 의한 변종과 종의 영속화에 관하여」[39]이며 이것은 《린네학회지》(Journal of Linnéan Society) 제3권(1858)에 게재됐다. 다윈은 초조해, 그 이듬해인 1859년 11월 24일에 진화론을 확립시킨 불후의 명저 《종의 기원》[40]을 간행했던 것이다. 그 서론에서 "나의 연구는 이제(1859) 거의 끝났다. 그러나 이것을 완전히 끝맺기 위해서는 아직도 여러 해가 더 걸릴 것이며, 또 나의 건강이 매우 좋지 않기 때문에 이 대략적 요지를 발표하지 않을 수 없게 됐다. 또 말레이 군도에서 박물학을 연구하고 있는 월러스 씨가 종의 기원에 관해 내가 도달한 것과 거의 같은 일반적 결론에 도달하기 때문에 더더구나 서둘러 공표하게 된 것이다."[41]라고 솔직하게 서술하고 있다.

서둘러 《종의 기원》을 간행한 다윈은 9년 후에 《사육에 의한 동식물의 변이》[42]를 펴냈다. 그보다 2년 뒤에는 《인간의 유래 및 자웅에 의한 도태》[43] 등을 출판했는데, 이는 《종의 기원》과 더불어 진화론에 관한 중요 저작으로 여겨진다. 그 외 식물에 관한 저작도 많다. 그의 연구논문은 동물학회, 지질학회, 린네 학회, 지리학회 등의 회지와 1835년에서 1882년에 걸친 박물학 연보 및 잡지, 1869년의 《네이처》(Nautre), 《마인드》(Mind) 및 《가드너즈 크로니클》(Gardener's Chronicle) 등에 실렸다.

월러스의 논문 내용이 다윈의 이론과 대체로 일치한 것은 우연한 일이 아니다. 두 사람이 다 같이 훔볼트의 《남아메리카 여행기》에 흥미를 느꼈고, 맬서스의 《인구론》을 읽었기 때문이다. 더욱 다윈은 라이엘의 《지질학원론》에서 생물역사를 시간적 차원으로 투영하는 화석의 존재가 그의 사상 형성에 중대한 역할을 했을 것이고, 진화의 기초적 사실은 '생물의 분포', 즉 '생물지리학'에서 얻을 수 있기 때문에 훔볼트의 《남아메리카 여행기》가 이러한 역할을 했을 것이며, 진화 메커니즘에 있어서는 맬서스의 《인구론》으로 '자연도태설'의 형태를 취하게 됐을 것이다.

그러나 월러스와 다윈의 사상 내용이 완전히 일치하는 건 아니다. 월러스는 연역적 방법에서 그의 이론을 전개했고 진화 메커니즘에 있어서 자연도태만을 중요시했으나, 다윈은 귀납적 방법을 취했으며 동식물의 변이문제나 자연도태 이론에서도 월러스보다는 깊이 고찰하고 있다. 다윈이 그 자신 《자서전》에서 "나는 베이컨주의에 입각해 아무런 이론적 전제를 두지 않고 사육된 생물에 관해, 또는 인쇄된 질문상에 의해, 숙련된 사육가나 원예가와의 대담을 통해, 그리고 많은 독서로써 사실을 수집했다."[44]라고 한 것은 그의 연구방법을 구체적으로 제시한 것이다.

(2) 다윈의 진화론 확립
다윈은 진화에 관한 그의 의견을 《종의 기원》 결론에서 명쾌히 서술하고 있다. 그는 새로운 종의 형성에 관해 사색했고 증명하려 했을 뿐 종 이전에 있었던 생명의 기원에 관한 생각은 하지 않았다. 《종의 기원》[45] 서론에서 그의 사상을 알아차릴 수 있다. 즉, "종의 기원을 논함에 있어 박물학자가 생물 상호 간의 유연관계, 그 발생학적 관계, 그들의 지리적 분포, 지질학적 변천계열 및 그 밖의 사실들을 고찰해 볼 때 종이 개별적으로 창조된 것이 아니고, 변종과 마찬가지로 다른 종으로부터 생겨난다는 결론에 도달할 수 있다는 것은 응당 생각할 수 있는 일이다. 그러나 이러한 결론은 충분한 근거가 있는 것이라 할지라도 이 세계에 살고 있는 수많은 종들이 어떻게 변화돼 우리들을 놀라게 할 만큼 완전한 구조와 상호적응을 얻게 됐는가 하는 점이 증명될 때까지는 만족할 만한 것이 못 된다. 박물학자들은 항상 기후라든가 먹이와 같은 외적조건을 변이의 유일하고도 가능한 원인이라고 생각하고 있다. 어떤 제한된 의미에서는 이것이 사실일지 모르나 (…) 딱따구리의 구조를 단순한 외적 조건에 귀착시키는 것은 부조리한 것이다."

여기서 창조설을 부정하고, 현존 생물의 다양성이 기존 종에서 유래했음을 강조하고 있다. 더욱 거의 완전한 적응 문제가 증명돼야 하나 외계의 환경요인에 의한 변이는 제한된 범위에서만 의미가 있고 그것만으로는 신종 형성의 설명이 불완전하다는 점을 지적하고 있다.

"나는 관찰을 시작한 당초부터 가축과 재배식물에 대해 면밀한 연구를 했다. 이는 불분명한 문제를 해결해 줄 가장 좋은 기회가 될 것이 틀림없다고 생각하고 있었다. (…) 사육 중에 생기는 변이에 관한 우리들의 지식은 비록 그것이 불완전하다 할지라도 항상 가장 뛰어나고 가장 안전한 단서를 제공해 준다는 것을 알게 됐다. (…) 이와 같은 생각에서 나는 이 대요의 제1장을 '사육 하에서 생기는 변이'로 했다. 이렇게 해 적어도 많은 유전적 변화가 가능하다는 것을 우리는 알게 될 것이며 더욱 중요한 것은 '인위도태'(artificial selection)에 의해서 계속적으로 미세한 변이를 누적해 가는 힘이 얼마나 큰 것인가를 알 수 있다는 사실이다. 다음으로 자연 상태 하에서의 종의 변이성을 말해야 하겠는데 유감스럽게도 나는 이 문제를 극히 간략하게 취급하지 않을 수 없다. 왜냐하면 이것을 취급하기 위해서는 사실의 방대한 목록을 작성하는 것이 유일한 방법이기 때문이다."

사육되고 있는 생물에서 인위도태에 의한 변이에 주목하고 이것을 유전적 배경과 결부시키고 있다. 이러한 사실을 자연계에 적용해 종의 변이성을 규명하려고 노력한 점을 알 수 있다. 따라서 자연 상태에서의 변이문제를 제2장에서 다루고 있다. 그리고 제3장에서 '생존경쟁'(struggle for existence), 제4장에서 '자연도태 또는 최적자 생존'(natural selection; or the survival of the fittest)의 이론을 각각 전개하고 있다.

"그다음 장(제3장)에서는 생물이 고도로 기하급수적 증가를 함으로써 필연적으로 생기는 세계의 모든 생물 사이의 생존경쟁을 논하려 한다. 이것은 맬서스의 학설을 전 동물계와

식물계에 적용한 것이다. 생존할 수 있는 것보다 더 많은 종의 개체가 생길 것이고 그 결과로서 빈번히 생존경쟁이 되풀이되고 있으므로, 어떤 생물의 아무리 가벼운 변이라 할지라도 그 변이가 복잡하고 또 변화한 생활조건 하에서 유리한 것이라면 생존의 기회를 얻을 것이고 결국 '자연적인 선택'을 얻게 된다. 선택된 변종은 유력한 유전법칙에 의해 변화된 새로운 형태를 번식하는 경향을 갖게 된다."

　제4장은 전권의 중심을 이루는 부분으로 우선 자연도태를 해설하고 이어서 그 작용의 여러 가지 사실을 고찰한 다음에 마지막으로 도태작용에 의한 종의 형성 과정을 논술하고 있다. 즉 자연도태에 의해서 종이 형성되는 것은 우연한 변이의 단순한 누적이 아니고 '형질의 분기'(divergence of character), 즉, 다양화로 이르게 하며 불리한 생명체를 소멸토록 하는 것이라 했다. 또 이 장의 요약에서 "같은 강(綱) 안의 모든 생물의 유연관계는 커다란 나무(a great tree)로서 표시될 수 있다. 나는 이 비유가 극히 진실에 부합한다고 믿는다. 싹이 트고 있는 작고 푸른 가지는 현존 종을 표시하고, 이들은 소멸한 종이 오랜 세월에 걸쳐서 변천하는 동안에 생성된 것이다. (…)"[46]라 해 계통수의 개념으로 진화과정을 설명하고 있다.

　(3) 종의 기원을 전후하여

다윈은 라마르크와 조부 이래즈머스 다윈의 영향에 대해서 부정적으로 말하고 있으나 초기의 노트를 조사한 이들에 의하면 다윈 학설이 성립되는 과정에 라마르크의 이론에서 추출된 부분이 상당히 많다고 한다. 다윈은 선구자들의 사변이나 논리가 자설(自說)의 평가에 영향을 주는 것을 경계해 선구자들의 학설과 같은 정도로 인정받는 것을 꺼렸던 것 같다. 《종의 기원》 제3판에 첨가된 '역사적 개요'에서 많은 사람의 인명이 나오지만 대부분 자연도태설을 시사한 사람들이다.

다윈이 경계한 진화론의 사변가로서 체임버스(Robert Chambers, 1820~1903)와 스펜서(Henry Spencer, 1820~1903)가 있다. 체임버스의 저작 《창조의 자연사의 흔적》[47]에 서술된 사상의 내용은 "신의 섭리로서 부여된 내재적 원리 또는 충동으로써 생물이 발달하는데, 그 사이에 여러 가지 환경 요인에 따라서 변화해 간다. 즉 생물 발달의 근원은 신의 섭리에 있지만 그것은 최초에 충동을 주는 것뿐이고 생물의 발달, 즉 진화는 비교해부학과 비교발생학의 여러 성과로써 설명된다. 미소동물로부터 척추동물로, 곰팡이나 지의류(地衣類)로부터 쌍자엽식물로의 발달은 하등에서 고등으로 비약하지 않고 종에서 종으로의 변화계열에 의해, 즉 조그만 변화의 집적으로서 일어난다. 그러나 신종의 생성은 비약적일 수 있다."라는 것이다. 신종의 생성에 있어서 다윈과 상이하다. 체임버스의 가설은 라마르크, 이래즈머스 다윈, 생 힐레르 등이 혼합된 형태이고 사실과 이론에 조잡한 점 많으나 이 《창조의 자연사의 흔적》은 다윈의 《종의 기원》보다 15년 전에 간행된 것이다. 따라서 다윈의 경계심은 체임버스의 진화의 조잡성에서 자신을 구별하려 했을지도 모른다.

스펜서는 광범한 사상가지만 진화에 관한 부분만 추려 보면 라이엘의 《지질학원론》과 체임버스의 《창조의 자연사의 흔적》에서 일반적인 사상적 면에 주의를 기울였다고 한다. 따라서 스펜서의 생물진화론은 그의 전반적인 진화철학의 일부이고 그 진화철학은 다윈 이전의 선구자들에게서 받은 사상적 영향이라고 생각된다. 그는 1852년의 논문 「발전의 가설」[48]에서 생물의 창조설과 발전설을 교묘하게, 그리고 명백하게 대조시켜서 논술했다. 그는 사육, 재배생물의 상사성(相似性), 많은 종에서 배(胚)가 경과하는 여러 변화, 종과 변종을 구별하는 곤란, 일반적인 점진성의 원칙에 따라서 종이 변화한다고 주장하고 있다. 그리고 이러한 변화는 환경변화로서 생긴다고 했다. 감지할 수 없을 정도의 작은 변화가 광대한 세월이 흐르는 사이에 큰 변화가 된다. 사람도 단세포 생물로부터 발달한 것이라고 생각하는 것이 가능하다고 설명하고 있다.

스펜서가 같은 해 발표한 논문 중에 진화의 일면을 나타내는 말로 '최적자생존'이란 말을 사용했으나 깊은 뜻이 있는 것은 아니었다. 그 후 월러스의 권유로 다윈은 《종의 기원》 제5판(1869)에서 비로소 최적자생존이란 말을 도입했다.

생리학은 진화론과 관계없이 19세기부터 근대적 발달을 했는데 이는 생명관의 변혁을 초래했다. 즉, 생명현상의 인과성을 확고하게 함으로써 진화론이 나아갈 길을 밝혀준 것이다.

형태학, 특히 비교해부학과 비교발생학은 18세기 이래 발전해 여러 가지 진화학적 개념과 법칙을 확립했는데 상동(ho-mology)의 개념이나 헤켈의 진화재연설(recapitulation the-ory, repetition theory) 등이 그 예다. 베어(K. E. von Baer, 1792~1876)의 주저 《동물발생학》[49]의 제1권(1828)에 소위 '베어의 법칙'이 있다. 즉 "고등동물 제군의 공통적인 성질은 강의 초기에 나타난다. 가장 일반적인 성질이 먼저 나타나고 다음으로 그다지 일반적이 아닌 성질이 나타난다. 이러한 일이 순차적으로 일어나서 최후로 그 동물의 특수한 성질이 출현한다. 즉 고등동물의 배발생(胚發生)은 다른 동물의 성체의 형태를 경과하는 것이 아니고 다른 동물의 배와 비슷한 경과를 밟는다." 이는 동물의 여러 군의 유연을 시사한 중대한 법칙이며 다윈 진화론을 확립시킨 하나의 기초적 연구이기도 하다.

《종의 기원》 간행 후 뮐러(Fritz Müller, 1821~1897)는 《다윈찬동》[50]에서 "갑각류의 발생은 베어의 법칙의 좋은 예이며 진화론으로써 설명된다."라고 했다. 한편 헤켈도 《일반형태학》[51]과 《자연창조사》[52]에서 '개체발생은 계통발생의 단축된, 그리고 급속한 반복'[53]이라는 반복설을 정식화해 다윈 진화론을 뒷받침했다. 비교해부학의 대가였던 오언(Richard Owen, 1804~1892)은 상동 개념을 수립해 생물 상호 간의 유연관계를 명백히 함으로써 진화론에 크게 공헌했지만, 다윈 진화설은 반대했다. 헉슬리(Thomas Henry Huxley, 1825~1895)는 《자연에 있어서의 인간의 위치》[54]에서 사람과 유인원의 해부학적 차이는 유인원과 하등원류 사이의 차이보다 크지 않음을 명백히 했다. 헉슬리는 다윈설의 충실한 계승자였고 헤켈도 다윈 사상 보급에 공적이 컸지만 그의 '진화재연설'은 한계성이 있는 단순한 법칙의 성격을 면치 못했다.

바이스만(August Weismann, 1834~1914)은 자연도태만이 진화의 원인이 된다고 하는 '신다윈주의', 즉 '자연도태의 만능'(Allmacht der Natürziichtung)을 제창했다. 그는 "유전적 성질을 가지고 있는 것은 생식질(Keimplasma)을 구성하는 결정자(determinant)라는 입자이고 이것은 후천적 영향을 받지 않는다. 즉 획득형질은 유전하지 않으며 암수 양성의 혼합, 즉 생식할 때마다 결정자의 짝맞춤(combination)이 변화하고, 따라서 그곳에서 생기는 체질에 변이가 일어나면 그 변이에 자연도태가 작용한다."라고 했다. "몸을 이루는 체질(Körperplasma)은 세대마다 멸하지만 생식질은 변화하지 않고 영속한다."라고 했고 결정자의 성분이 단백질 분자라고 하여 물질적인 개념에서 유전성을 고려하게 됐다.

그리스의 명의 히포크라테스(Hippokrates, B.C. 460 ~375)는 "사람의 정충은 생식부를 지나는 혈관이나 신경을 통해 전신의 체액에서 유래한다."라고 해 범생설(pangenesis)을 최초로 기록했는데 다윈도 이 가설을 발전시켜 후천형질의 유전을 설명했었다. 즉 "생물체의 모든 부분이 유전의 물질적 기초가 된다. 즉 체세포에서 아구(gemmule)라는 미립자를 생산하는데 이것이 혈관 또는 도관(導管)을 통해 생식세포에 도달하면 그대로 남아서 유전단위가 된다. 이 입자에 환경의 영향이 인명되면 다음 대에 유전한다."라고 했다. 바이스만의 '생식 질연속설'로써 이러한 후천성 유전이 부정됐고, 멘델의 유전법칙이 1900년에 재발견되면서 유전 메커니즘이 명백해지고 후천형질, 즉 획득형질은 유전하지 않는 것이 정설이 됐다.

드 브리스(Hugo de Vries, 1848~1935)의 '돌연변이설'(mutation theory, 1901)로써 유전하는 돌연변이와 유전하지 않는 환경에 의한 개체변이의 구별이 확실하게 됐다. 더욱 요한센(Wilhelm Ludwig Johannsen, 1857~1927)의 '순계설'(pure line theory, 1903)로써 "혼계에서 순계를 분리할 때까지는 변이가 인정되나 순계 내의 변이는 개체 변이이기 때문에 이는 유전하지 않고 자연도태의 효과도 없다."라고 해 돌연변이가 일어나지 않으면 순계 내의 진화는 없다는 결론에 도달했다.

---

1   Zimmermann, W., *Evolution*(1953).

2   Nordenskiöld, E., *The History of Biology*(1928)에서는 민간전승의 사고방식이라고 했다.

3   Farrington, B., *Aristotle*(1965), p.45.

4   아리스토텔레스의 저서 중 생물학에 관한 중요한 것은 다음과 같다.
    《생기에 관하여》(영혼론, *peri Psychés, De anima*), 《아리스토텔레스 심리학개론》이라고도 하는 3권으로 된 명저. 제목이 《영혼(*Psychés*)에 관하여》이지만 이때의 Psychés는 생물의 '형상'으로서 그는 심리학을 자연학의 한 과목으로 취급했다. 후세에서 《*Parva naturalia*》(자연학적 소론집)이라고 총괄해 불리는 심리학, 생리학의 소논문이 편입돼 있다.

《동물지》(*peri ta Zōia historiai, De historia animalium*). 생리학적, 비교해부학적 내용을 다룬 대저, 전 9권.

《동물의 부분에 관하여》(*peri Zōiōn mōriōn, De partibus animalium*), 동물체 구성 부분의 조직과 발생이 주제이다. 전 4권.

《동물의 발생에 관하여》(*peri Zōiōn geneseōs, De generatione animalium*), 생식, 생후 여러 부분의 생성. 발육을 설명했다. 전 5권.

5 테오프라스토스의 저서로는 《식물지》(*Historia plantarum*), 《식물의 원인에 관하여》(*De Causis plantarum*) 등이 있다.

6 *Naturae historiarum libra*, 현재 37권이 남아 있다. 우주론(제2권), 지리학(제3~6권), 인류학(제7권), 동물학(제8~11권), 식물학(제12~19권), 약학(제20~32권), 광물학(제33~37권)이다.

7 지구는 자전하면서 다른 행성과 같이 태양의 둘레를 돈다는 가설. 코페르니쿠스가 1543년에 공표했다. *De revolutionibus orbium coelestium*(1543), 6권.

8 *L'homme-machine*(1747).

9 *Philosophiae naturalis principia mathematica*(1687).

10 *De corporis humani fabrica*(1543), 제1판, 제2판은 1555년에 간행됐다.

11 *Exercitatis de motu cordis et sanguinis in animalibus*(1628).

12 *Pinax theatri botanici*(1623).

13 *Historia plantarum*(1686, 1688, 1704), 3권을 내놓았다.

14 *Species plantarum*(1753).

15 *Systema naturae*(1958), 제10판. 초판은 1735년에 표의 형식으로 12면밖에 안 되는 조그만 책이었다. 이것은 그때까지의 분류학적 연구 결과를 압축해 표로 작성했다. 그의 생존 시 12판을 인쇄했고 1768년에 대폭 증보됐다(최종판). 제13판(1768~1793)은 10권으로 돼 있고 간행 당시 알려진 동식물종이 전부 수록됐다.

16 본초학은 약용식물학의 뜻. 박물학은 자연지와 같은 뜻으로 쓰인다. 박

물학을 natural history(historia naturalis)라 하는데 historia는 원래 연구과정이란 뜻으로 나중에는 연구결과의 기재를 말하게 됐다. natural philosophy는 자연의 리(理)를 추구하는 뜻에서 물리학을 의미하고, natural history는 자연물의 종류, 성질, 분포 등을 기재하는 학문을 뜻한다.

17 *Forerunners of Darwin*, ed. by B. Glass *et al.* (1959). 다윈 진화론 (《종의 기원》, 1859)의 100주년 기념으로 존스 홉킨스(Johns Hopkins) 대학의 학자들이 공저로 간행했다.

18 *L'évolution des espèces*(1932).

19 *Nouveaux essais sur I'en ten dement humain*(1704).

20 다윈진화론 100주년 기념으로 간행된 《다윈의 선구자들》(*Forerunners of Darwin*, ed. by B. Glass *et al.*, 1959)에 '1745~1859'라고 부기돼 있다. 1745년을 시작 년으로 한 것은 모페르튀의 저작이 출판된 해이다. 이는 모페르튀의 《인간과 동물의 기원》을 가리켜 그를 다위니즘의 최초의 선구자로 인정한 것으로 보인다.

21 *Histoire naturelle générale et particuliére.* 첫 권은 1749년에 나왔고 뷔퐁이 죽은 다음 해인 1789년까지 43권이 간행됐다. 더욱 1804년에 최후의 한 권이 간행됐는데 이것은 해부학자 도방통(Louis J. M. Daubenton, 1716~1800)과 광물학자 아위(René J. Haüy, 1743~1822) 등 여러 학자가 편집과 집필에 협력했다.

22 *Forerunners of Darwin*(1959), chapter 7, Kant and evolution.

23 *Kritik der Urteilskraft*(1790).

24 *Gespräche mit Goethe in den letzten Jahren seines Lebens.* 괴테의 비서 에커만의 기록소설. 3권 중 1, 2권은 1836년, 3권은 1848년에 간행됐다.

25 *Zoonomia, or the Laws of Organic Nature*(1794~1796).

26 *Philosophic zoologique*(1809), 상하 두 권(상권 453면, 하권 475면)으로 돼 있으며 제2판은 1830년에 펴냈으며, 초판의 잔여본 580부

를 표지를 바꿔서 선보였다. 샤를 마르탱(Charles Martins)의 84면에 달하는 서문과 함께 1873년에 재간행(상권 426면, 하권 407면)됐다.

27 *Système des animaux sans vertébres*(1801).

28 *Histoire naturelle des animaux sans vertébres*(1815~1822), 7권.

29 왕립식물원이 그 전신이다. 프랑스혁명(1789~1799)으로 이 식물원을 재조직해 1793년에 국민의회의 승인을 받아서 자연사 박물관이 설립됐다. 라마르크는 이 재조직계획에 참여했다. 이 박물관은 연구기관이면서 교수의 시설도 갖추고 있었다.

30 '비글'호가 영국의 군항 데본포트(Devonport)를 출범한 것은 1831년 12월 27일이었고, 함장은 피츠로이(R. FitzRoy, 1805~1865) 대령이었다. 비글 호는 '235t, 포 8문, 승무원 63명, 돛대 3개이고 배 길이 177피트, 배 폭 28피트, 흘수 10피트, 배수량 523t, 158마력'의 목선이었다. 다윈의 저서《비글호 항해기》에는 '포 10문, 흘수 13피트'라고 적혀 있다. 1836년 10월 2일 영국 팔머스(Falmouth)에서 다윈은 퇴함했다.

31 *The Principles of Geology*(1830~1833), 3권.

32 *An essay on the principle of population as it affects the future improvement of society*(1798), 재판 1803년, 제6판 1826년. 익명으로 발표됐다.

33 《군함 어드벤처와 비글호의 1826년부터 1836년까지의 측량항해기》라는 공문서. 제 3권이며, '일지와 소견, 1832~1836'로써 1839년에 간행됐다(*Narrative of the Surveying Voyage of H. M. S. Adventure and Beagle between the Year 1826 and 1836, etc.,* 「*Journal and Remarks*」, Vol. III, 1839).

34 《군함 비글호 세계 주항 중 방문한 제국의 박물학과 지질학의 연구일지》정정증보 제2판(1845)(*Journal of Research into the Natural History and Geology of the Countries Visited during the Voyage of H. M. S. Beagle round the World, etc.*; 2nd Ed., with correc-

tions and additions).

35 《한 박물학자의 항해기》, '연구일지'(A Naturalist's Voyage, *Journal of Researches*', etc., 1860), 최종판.

36 ① 《화석 Lepadidae, 즉 육경을 가진 영국산 만각류의 연구》, 고생물학회(1851)(*A Monograph of the Fossil Lepadidae: or Pedunculated Cirripedes of Great Britain, Pal. Soc.*).
② 《만각아강의 연구 외》, 레이 학회(1851)(*A Monograph of the Sub-class Cirripedia, etc., Ray Soc.*),
③ 《따개비과(무병 만각류) Verrucidae(만각목, 완흉아목) 외》, 레이 학회(1854)[Balanidae (*or Sessile Cirripedes) the Verrucidae, etc., Ray Soc.*).
④ 《영국산 화석 따개비과 및 Verrucidae 연구》, 고생물학회(1854)(*A Monograph of the Fossil Balanidae and Verrucidae of Great Britain, Pal. Soc.*).

37 다윈의 《비글호 항해기》의 영향을 받은 2명의 영국 청년 월러스와 베이츠(Henry Walter Bates, 1825~1892)가 있었다. 월러스는 훔볼트와 다윈의 여행기에 감명해 다윈의 항해기 출판 후 4년이 되던 1848년 4월 베이츠와 함께 아마존으로 출발했다. 조금씩 대두하는 진화학설에 근거가 될 만한 자료를 얻기 위해 동물상이 풍부한 이 지방으로 떠났으나 두 사람은 별도로 행동했다. 베이츠는 12년간 그곳에 있다가 1859년 6월 귀국해 1863년에 《아마존강의 박물학자》(*The Naturalists on the River Amazone*)를 저술했다.
월러스는 4년간 채집해 귀국 도중 선박이 난파돼 수집품(곤충류만 해도 14,000점 이상)을 잃었다. 1853년 말레이 군도로 가서 8년간 체류했다. 그 동안에 논문을 작성했는데, 이 논문에 자극돼 다윈의 《종의 기원》의 발표가 촉구됐다.

38 "On the Tendency of Varieties to Depart Indefinitely from the Original Type."

39 "On the Tendency of Species to Form Varieties; and on the Perpetuation of Varieties and Species by Natural Means of Selection."

40 원제는 《자연도태에 의한 종의 기원에 대하여, 즉 생존경쟁에 유리한 종족의 존속에 관하여》(*On the Origin of Species by Means of Natural Selection, or Preservation of Favoured Races in the Struggle for Life*, 1859)이며, 초판(1,250부), 재판(1860년, 3,000부), 정정증보 제3판(1861년, 2,000부), 제4판(1866년, 1,500부), 제5판(1869년, 2,000부), 제6판(최종판; 1872년, 3,000부)이 간행됐다. 제3판 이후는 전부 개정증보했다. 대부분의 번역대본은 제6판을 바탕하고 있다.

41 이민재 역, 《종의 기원》(1969), p.29, 을유문화사, 서울.

42 *The Variation of Animals and Plants under Domestication*(1868), 2권. 개정 제2판은 1875년에 간행됐다.

43 *The Descent of Man, and Selection in Relation to Sex*(1871). 제2판은 1874년에 간행됐다.

44 '베이컨주의'는 귀납적 방법이며, '사육된 생물'은 가축과 재배식물이다.

45 *Origin of Species*, 6th Ed. (Jan. 1872), p.27~30, A Mentor Book(1958), The New American Library of World Literature Inc. New York.

46 이민재 역. 《종의 기원》(1969), p.140, 을유문화사, 서울. Darwin, C., *Origin of Species*, 6th Ed. (Jan. 1872), p.129, A Mentor Book(1958), The New American Library of World Literature, Inc., New York.

47 Chambers, R., *Vestiges of the Natural History of Creation*(1844), 익명으로 출판됐는데, 1853년까지 제10판이 간행됐다(서문에 익명으로 "이 책에 대해서 찬성하는 자는 한 사람도 없었는데 이미 9회의 판

이 매진됐다"라고 나와 있다). 이 책은 간행된 다음 해부터 반론이 나왔고 체임버스가 그것을 또 반론할 만큼 물의가 컸다. 이 책의 저자가 체임버스임이 알려진 것은 1884년이었다.

48 The Development hypothesis (1852), 1852년 3월에 발표됐지만, 1858년에 간행된 그의 논문집에서 재발견됐다. 스펜서의 생물학 관련 저술로는 《종합철학체계》(*A System of Synthetic Philosophy*, 1860~1893) 전 10권 중 제2~3권, 《생물학원리》(*Principles of Biology*, 1864~1867)가 있다.

49 *Über Entwicklungsgeschichte der Tiere*, 2권(1828~1837).

50 *Für Darwin*(1864).

51 *Generelle Morphologie der Organismen*(1866).

52 *Natürliche Schöpfungsgeschichte*(1868).

53 ontogenesis(개체발생)와 phylogenesis(계통발생)란 말은 헤켈이 처음으로 사용했다.

54 *Man's Place in Nature*(1863).

2

생명의 기원

'살아 있다'라고 하는 명제는 예부터 오늘날까지 인류가 사색해 온 문제이다. 철학적·종교적 입장에서 논의돼 옴은 물론이고 근년에 와서는 과학적으로 이를 해명하려고 하고 있지만 아직도 정확한 답을 얻을 수 없다. 고등인 동물이나 식물로부터 원생동물이나 세균류에 이르기까지 다양한 생물은 비생물과 분명히 구별된다. 생물이 비생물과 다른 점은 어떤 생물인지를 막론하고 '생명'이 있다는 것이다. 생명이란 무엇이며 어떻게 지구상에 나타났을까?

고대 사람들뿐 아니라 19세기까지도 생물과 비생물의 뚜렷한 차이점을 해결할 길이 없었다. 당시 '생명력'이라고 하는 신비한 힘은 생물에만 있는 것이고 유기물질까지도 생명력 없이는 합성할 수 없다고 믿었었다. 뵐러(Friedrich Wöhler, 1800~1882)가 1828년에 무기물인 시안산암모늄을 가열함으로써 유기물인 요소를 합성해[1] 유기물도 무기물과 본질적으로 다른 것이 아님을 증명했다. 그러나 아직도 현대과학은 생명 그 자체의 해석이 불충분하고 생물의 특수성을 명백히 할 수 없다. 그러나 물리학과 화학 등의 진보와 발맞추어 이러한 일을 해결할 수 있는 실마리를 찾아가고 있다. 여기서 문제되는 것은 어떻게 해서 생물과 비생물의 차이가 생겼는가 하는 것. 즉 '생명의 기원'에 관한 문제가 제기된다.

1. 생명기원설의 발자취

리프만(E. Lippman, 1933)은 생명기원에 관한 개념과 세계창조의 고대적 개념 사이에 흥미로운 평행관계가 있다고 했다. 고대로부터 사람들은 '대지는 평탄하고 부동이며, 태양은 동쪽에서 떠서 서쪽으로 넘어가 대지를 돈다.'라고 생각했다. 이런 생각은 수천 년 동안의 일상적 경험을 통해 확신하게 된 것이었고 사실로서 거부할 수 없는 명증이 돼 있었다. 이처럼 자연계의 현상을 무비판적인 관찰을 토대로 받아들여 왔는데 이러한 관찰은 고대 민족의 개념 형성에 중대한 역할을 했었다. 그 당시는 자연 연구가 상세하게 이루어지지 않았고 분석되지도 않았기 때문에 전체로서 감각적, 직접적인 관찰만이 받아들여졌던 것이다. 생명기원에 있어서 자연발생(spontaneous generation)[2]에 관한 생각도 경험적 관찰에 입각해 하나의 신념으로 굳어졌었다.[3]

(1) 고대의 자연발생 개념

자연발생론의 역사를 살펴보면 두드러지는 특징이 있다. 바로 시대나 문화가 심하게 차이나는 여러 민족 사이에서도 생물에 관해서는 거의 비슷하게 자연발생설이 존재했다는 점이다. 고대민족 사이에 있었던 자연발생의 신앙은 세계관의 결론이 아니고 단순한 경험으로 확인된 사실이다. 이후 이 사실에 관한 이론적 기초가 마련된 것이라 볼 수 있다.

고대에 존재했던 자연발생에 관한 믿음은 다양하다. 중국은 열과 습기에서 여러 곤충이 자연발생한다고 믿었다. 인도의 경문에는 '땀과 대변에서 여러 기생생물이나 파리와 갑충 등이 나온다'라고 적혀 있다. 이집트에서는 나일강 홍수 뒤 남겨진 부식토층이 태양열을 받아 더워지면 생물이 생긴다고 믿었다. 개구리, 두꺼비, 뱀, 쥐 등이 이렇게 발생한다고 생각했다. 이런 이야기들은 동서를 막론하고, 중세에도, 그리고 그 후 까지도 널리 퍼져 있었다. 이는 신화와 전설로 다듬어졌는데 인도, 바빌로니아, 이집트 등지에서 이런 일이 많았다.

밀레토스 학파를 위시해 에피쿠로스, 스토아 학파에 이르는 그리스의 모든 자연철학자들은 생물의 자연발생을 인정했다. 그러나 신화적 개념이 아닌 철학적 범주에서 해석하고자 했다. 따라서 생물이 진흙[佔土]이나 말류(藻類)의 잔해 등에서 자연발생한다고 믿으면서도 신비력은 배제하려고 했다. 이러한 관념은 데모크리토스(Demokritos, BC 460~370)로 하여금 기계론적 성격마저 띠게 했다. 그는 레우키포스 (Leukippos, B.C. 5세기경)의 '원자론'을 발전시켰다. 레우키포스는 세계는 공허한 공간 속을 운동하고 있는 무수한 미립자로 돼 있는데 이 미립자는 더이상 나눌 수 없는 것, 즉 원자(atom)라고 했다. 데모크리토스는 이 가설을 발전시켜 물질계뿐 아니라 정신계의 현상까지도 원자론으로 설명하려고 했다. 그는 "어떠한 일도 우연히 일어나지는 않는다. 모든 것은 근거가 있고 또한 필연적으로 일어나는 것이다. 만물은 영구히 운동하고 있는 다수의 원자로 된 물질이 그 기초를 이루고 있으며 물과 물밑의 진흙에서 생물이 자연발생하는 것도 습한 흙의 미소입자가 충돌해 불(火)의 원자와 결합하면 원자가 기계적 운동을 하는 동안에 완전하게 일정한 결합을 하게 된다."라는 개념을 갖고 있었다. 이보다 약 100년 후 에피쿠로스(Epikuros, BC 342~271)는 태양의 습한 열과 비 때문에 진흙이나 먼지로부터 구더기나 그 밖의 많은 동물이 자연발생한다고 했다. 그러나 이때 영적 원천은 관여하지 않는다고 했으며 영혼 그 자체도 물질적인 것이고 미끄러운 원자로 돼 있다고 했다. 그는 또 아무것도 없는 공간에서 원자의 기계적 결합이 여러 가지 물질로, 더욱 생물의 생성까지 유도한다고 설명했다.

한편 관념론적인 자연발생설의 세력도 대단히 컸다. 플라톤은 직접 자연발생의 문제를 다루지는 않았지만 그의 일반적인 철학적 견지에서 동식물은 그 자신 생명이 없고 '불사의 영혼'(psyche)이 그 속에 들어감으로써만 활성화한다고 믿었다. 이러한 플라톤의 생각은 그의 제자 아리스토텔레스에 의해서 반영됐고 이는 중세 문화의 기초를 이루어 거의 2,000년 동안 여러 민족들의 지식을 지배했다. 아리스토텔레스에 의하면 "생물은 자기와 동류인 것으로부터 나오지만, 그 밖에도 생명이 없는 물질로부터 언제나 발생해 왔다."라고 하여 많은 실례를 들고 있다.[4] 그는 질료와 형상개념[5]으로써 생명기원을 설명했는데 물질이 생명을 갖는 것이 아니라 생물은 영혼의 힘으로 합목적적으로 형성되고 조직된 것이며 합목적적으로 형성된 내적존재(entelekheia)가 물질을 생명으로 유도해 생물로서의 생명유지가 가능하다고 했다.

아리스토텔레스의 관념은 그 이후의 생명기원 문제에 오랫동안 영향을 미쳤는데, 특히 중세에는 종교관과 결부돼 있었다. 신플라톤학파의 지도자 플로티노스(Plotinos, 205~270)의 '생명창조'(viverse facit)의 영혼, 신학자 아우구스티누스(Aurelius Augustinus, Saint, 354~430)의 '영의 씨(種)'(occulta semina), 아리스토텔레스주의의 대표자 알베르투스의 여러 별(星)의 '부활력'(Virtus vivificativa) 등 영적 개념은 허울만 바꾼 것으로 16세기까지 그대로 존속했었다.

(2) 자연발생설의 부정

16세기 후반부터 17세기로 들어서면서 자연현상의 관찰은 점점 정확해졌다. 코페르니쿠스, 브루노(Giordano Bruno, 1548~1600), 갈릴레오 등이 약 1,400년 동안 통용됐던 프톨레마이오스[6](Klaudios Ptolemaios, 120~150)의 체계를 바꿔 우리

주위에 있는 항성과 행성의 세계에 관한 올바른 개념을 수립했다. 그러나 생물의 자연발생설은 그대로 믿어지고 있었으며 판 헬몬트(Jan Baptista van Helmont, 1579~1644)는 '밀과 땀에 젖은 내의를 접촉해 두면 21일 만에 쥐가 발생한다.'라는 실험으로 자연발생을 증명했다. 사람의 땀에는 발생원리가 있기 때문에 내의와 밀의 증기가 혼합함으로써 쥐가 생긴다고 했다. 이때 쥐가 들어갈 수 없는 상자에 내의와 밀을 넣어 대조실험을 했었더라면 그러한 결론이 나오지 않았으리라. 하비는 '모든 생물은 알로부터'(Omne vivum exovo)라고 했지만 자연발생을 완전히 배제하지는 않았다. 베이컨마저도 하비와 같은 관점에서 여러 동식물은 물질이 부패할 때 발생하지만 이는 무기계와 유기계의 근본적인 차이를 증명한 것이라 생각했다. 한편 데카르트는 자연계의 모든 현상의 질적 다양성을 모두 물질과 그 운동으로써 설명하려고 시도했다. 자연발생의 개념으로 습한 흙이 태양광선에 죄일 때나 부패할 때 구더기나 파리 등 동식물이 만들어지는 것은 당연한 과정이고, 영적 원리는 필요 없다고 했다. 즉, 자연발생은 '사실'로 인정하지만 그것은 자연과정이고 '영적 원천'의 발현이 아니라고 하는 것이다.

생물학의 연구가 뒤늦게나마 점점 정확해지면서 자연발생의 '사실' 자체를 믿지 않게 됐다. 그 전환점을 이룬 것은 레디(F. Redi, 1626~1698)의 실험이다.[7] 레디는 고기 토막 또는 생선을 플라스크에 넣고, ① 그대로 둔 것은 파리가 앉아서 알을 낳고 구더기가 생긴다. ② 거즈로 입을 막아두면 파리는 거즈 위나 그 가장자리에 산란하고 거기서 구더기가 발생한다. 이때 플라스크 내용물이 썩어도 그곳에서는 구더기가 생기지 않는다. 그러나 알이 육편이나 생선 위에 떨어지면 구더기로 성장한다. ③ 입을 밀폐해 버리면 내용물이 썩어도 구더기는 발생하지 않는다. 이로써 썩어가는 고기 토막이나 생선은 단순히 곤충의 성장에 필요한 장소이고 곤충의 출현에 필요한 것은 산란일 뿐이며 산란 없이 구더기는 절대로 자연발생하지 않는다고 했다. 그는 훌륭한 실험과 정확한 해석을 했으면서도 자연발생설에서 헤어나지 못하고, 다른 경우의 자연발생을 믿고 있었다.

(3) 미생물의 자연발생

레디의 유명한 실험과 거의 때를 같이해 레벤후크(Antonie van Leeuwenhoek, 1632~1723)[8]는 자기가 만든 현미경으로 미생물의 세계를 발견했다. 공기와 접한 빗물이나 식물의 전즙, 그리고 썩은 고기 등에는 반드시 미생물이 있음을 보고 자연발생의 신앙과 결합해 이러한 것으로부터 미생물이 발생한다고 생각하게 됐다. 이러한 생각은 라이프니츠[9], 뷔퐁[10] 등이 그의 권위로써 지지했다. 니덤(John Turberville Needham, 1713~1781)[11]은 '미생물의 자연발생'을 증명하는 실험을 했다. "나는 대단히 뜨거운 양의 육즙을 불에서 바로 꺼내서 용기에 옮긴 뒤 바로 뚜껑으로 막았다. 그러니 밀봉됐다고 생각해도 좋다. 그러나 며칠 지난 뒤에 용기 속에는 미생물이 가득 차 있었다." 그는 이와 같은 실험을 여러 가지 유기물로 되풀이해서 같은 결과를 얻었다. 이로써 죽은 유기물 속에 있는 생명력이 물질입자를 재편성해 미생물을 창조한다는 이론을 세웠다. 스팔란차니(Lazzaro Spallanzani, 1729~1799)[12]는 니덤의 실험을 추시했다. 밀봉한 병을 완전히 멸균하면 절대로 미생물이 발생하지 않음을 확인하고, 니덤이 멸균을 불충분하게 했음을 지적한 것이다. 또, 공기 중에 미생물의 배종이 있다는 개념을 수립했다. 이에 따라 공기와 더불어 용기의 멸균을 철저히 하면 용기 내의 액즙은 부패하지도 않고 미생물도 나타나지 않는다는 결과를 내렸다.

　　스팔란차니의 이런 실험은 탁월했으나, 그 시대 사람들의 자연발생에 관한 고정관념을 뛰어넘을 수는 없었다. 그의 실험에 관해서 니덤은 "스팔란차니는 여러 가지 식물성 물질로 채운 19개의 병을 밀봉한 채로 한 시간 동안 끓였다. 그 19개의 식물 전즙의 병은 가혹하게 다루어졌기 때문에 전즙의 생명력(vital force)은 현저하게 무력화됐든가 완전히 파괴됐을 뿐 아니라 그 속에 약간 남아 있던 공기마저 증기와 열로써 완전히 오손됐음이 명백하다. 따라서 이처럼 처리된 그의 전즙에서 아무런 생명의 증후가 보이지 않는 것은 당연한 일이다."[13]라고 반박했다. 이에 관해서 스팔란차니는 여러 가지 실험을 통해 니덤의 반론을 해결해 나갔지만 니덤이 '생명력'을 고집하는 한 평행선을 가지 않을 수 없었다.

　　19세기에는 '발효'와 '부패'에 주목하게 되면서 자연발생에 관한 논의가 다시 뜨거워졌다. 아페르(N. Appert, 1750 ~1841)[14]는 스팔란차니의 연구를 응용해 병조림에 의한 식품 보존법을 고안해 널리 실용화했다. 게이뤼삭(Joseph Louis Gay-Lussac, 1778~1850)은 "쇠고기, 양고기, 물고기, 버섯, 포도즙 등 병조림된 물질이 무사히 보존된 병 속의 공기를 분석하면 그 속에는 이미 산소가 없다. 이 기체의 결핍은 동식물성 물질의 보존에 필수적 조건의 하나임이 확인된다."라고 해 니덤의 생각을 증명해 준 셈이 됐다. 즉, 니덤이 스팔란차니의 실험에서 공기의 변질을 지적했던 것이 아페르의 병조림에서 산소가 없다는 사실로써 증명된 셈이 됐다.

따라서 자연발생에 관한 논쟁을 실험적으로 끝내기 위해서는 '깨끗하고 질이 좋은' 공기의 공급이 필요하게 됐다. 이런 실험으로 슈반(Theodor Schwann, 1810~1882)은 아페르의 병조림에 공기를 갱신하는 방법으로 두 개의 유리관을 병에 연결해 들어가는 공기는 가열 후 냉각돼 병 속으로 들어가도록 했었는데 결과는 스팔란차니나 아페르의 경우와 같았다.[15] 이로써 니덤이나 게이뤼삭의 주장에 반증을 제시했다. 이 밖에도 슐츠(F. Schulze)[16]는 짙은 황산을 통해서 공기를 보냈고 (1836), 슈뢰더(H. Schroeder)와 두슈(T. von Dusch)[17]는 살균솜으로 공기를 여과해서 공기 중의 미생물이 이 솜에 흡수되도록 했더니(1854) 대체로 미생물이 없었다. 슈반은 공기 중에는 '열로써 파괴되는 원질'이 있고 그것이 부패를 일으키게 한다고 생각했다. 이들의 실험은 기술상의 결함으로 말미암아 때때로 불안정한 결과를 얻었기 때문에 충분한 설득력이 없었다. 오히려 '자연발생은 아무 곳에서나 일어나는 것이 아니고 적당한 조건 하에서만 일어난다.'라는 생각을 허용토록 했다.

(4) 자연발생설의 종언

미생물의 자연발생에 관해 푸셰(Félix Pouchet, 1800~1872)는 그 가능성을 실험적으로 증명하기 위해 1859년에 《자연발생론》[18]을 간행했다. 그는 '전동식물의 분해로써 해방된 생물분자가 새로운 조형적 상황에 놓이면 미생물로 화한다.'고 생각했다. 이 무렵 파스퇴르(Louis Pasteur, 1822~1895)는 알코올과 젖산의 발효 연구로부터 자연발생 문제로 주의를 돌려 1860년 초부터 이에 관한 논문을 발표하기 시작했다. 이들을 모아서 1861년에는 《자연발생설의 검토》[19]로 종합했는데 이것으로써 지루하게 믿어져 왔던 자연발생의 고정관념에 종지부를 찍게 했다. 그의 《자연발생설의 검토》는 여러 각도에서 이뤄진 실험으로 이전 학자들의 잘못됐던 실험을 추시했고, 공기 중의 미생물을 확인했다. 그중에서도 파스퇴르가 고안한 플라스크는 모든 문제를 말끔하게 해결해줬다. 옆구리에 S자 모양으로 구부러진 관이 달린 플라스크를 사용했는데, 플라스크 속에 유기물 용액을 넣고 이를 끓여서 소독하면 기화된 후 응집된 물이 옆구리에 붙은 관의 만곡부에 고여 이것이 공기 중의 미생물이나 그 배종 등을 거르기 때문에 플라스크 속의 물질은 오랫동안 그대로 있음을 확인했다.

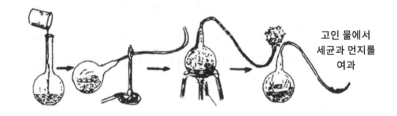

고인 물에서
세균과 먼지를
여과

[그림 1] 파스퇴르의 플라스크

푸셰의 실험도 파스퇴르와 비슷한 방법이었지만 파스퇴르는 효모수를 매질로 사용했고 그는 고초의 침출액을 사용한 점에서 차이가 있었다. 고초의 침출액 속에 있는 고초균은 아포[20]를 만드는 종류로서 강한 열에서도 그 아포는 살아남아서 발아, 증식할 가능성도 생각할 수 있다.

레디로부터 스팔란차니를 거쳐서 파스퇴르에 이르는 계열의 생물학자들은 자연발생설을 부정했다기보다는 그것을 '사실'로서 주장한 사람들의 논거를 하나하나 극복해 왔다고 할 수 있다.

(5) 생명영속의 개념

파스퇴르 이후 19세기 말부터 20세기 초에 걸쳐 '생명기원'에 관해 두 가지 견해가 형성됐다. 하나는 지구사 어느 시기에 일정한 조건 하에서 비생물로부터 생물이 발생했을 거라는 생각이다. 다른 하나는 자연발생은 물론, 지구에서의 생명기원까지도 부정하려는 생각이다. 이 생각이 성립되려면 생명은 영원한 과거로부터 미래에 영속한다는 전제가 있어야 하는데 이것이 '생명영속설'이다.

현재 이 우주에서 지구만이 단 하나의 생물 서식처라고 생각할 수는 없다. 많은 우주생물학자들은 수많은 다른 천체에 생명이 있을 수 있음을 시사하고 있다. 이러한 관점에서 다른 천체로부터 생명의 배종이 지구로 운반됐다고 가정하더라도 그 천체에서의 '생명기원'은 있었어야 한다. 그럼에도 불구하고 생명영속의 개념에 집착한 학자들이 있다.

생명의 배종이 운석이나 우주진을 따라서 지구에 운반됐을 것이라는 가설은 리히터(H. Richter)[21]가 전개했다. 이는 헬름홀츠[22](Hermann von Helmholtz, 1821~1894)와 그 밖의 학자들에게 지지받았고, 운석에서 세균을 발견한 이도 있었다.[23] 물론 그 세균은 지구에서 운석으로 침입했던 것이다. 이런 생각이 코스모조아(cosmozoa)설이다. 또 하나의 가설은 배종광포설(panspermy)이다. 아레니어스(Svante August Arrhenius, 1859~1927)는 생명의 배종이 우주진의 입자와 같이 하나의 천체에서 다른 천체로 광압에 의해 운반된다고 생각했다. 리히터나 아레니어스의 생각이 어떠한 근거를 제시한다고 하더라도 또 지구인이 다른 천체에 가듯이 다른 천체의 고도로 발달한 생물이 우주선으로 지구를 방문했던 일이 있었다 하더라도 이러한 설은 우리로서는 믿기 어렵다. 또, 믿는다 하더라도 생명기원 문제는 다른 천체로 옮겨질 뿐 해결되는 것은 아니다.

(6) 현대의 생명기원론

자연발생이나 생명영속의 개념은 생명기원 문제를 해결할 수 없는 허다한 모순점을 지니고 있다. 때문에 현재와는 다른 특수한 지구 조건이 갖추어졌던 시기가 지구사의 과거에 있었다는 생각이 퍼졌다. 오늘날 생명기원론의 중추는 이러한 생각에서 발전했다. 즉, 지구의 진화과정에서 발생한 것이라는 개념이다. 일찍이 헤켈은 "가장 원시적인 생물은 어느 때 어떤 특수한 외부의 힘에 의해 무기물로부터 우연히 만들어졌다."[24]라고 했는데 이때의 '특수한 외부의 힘'이 무엇인지 그 당시로서는 분명치 않았다. 후대의 과학자들은 이를 방전, 자외선, 특수한 화학적 친화력 등으로 판단하기도 하고 방사선원소의 미립자 방사로 해석하기도 한다. 한편 라마르크는 비생물로부터의 생명 생성을 단계적 발달과정으로 보았다.[25] 이러한 생각은 생물진화를 물질진화 전반의 과정으로 보는 견해를 시사한 것 같다. 생명기원에까지 이르는 물질진화의 연구는 유기화합물의 생성과정부터 해결해야 할 것이다. 이 문제를 과학적 이론으로 명쾌하게 전개한 이가 오파린이다. 그는 1922년에 생명기원과 생물진화의 문제를 취급하기 시작해 오늘날까지 이 문제의 추궁에 힘을 기울이고 있다.

오파린은 《생명의 기원》(1924)을 출판해 모식적인 견해를 밝혔고, 판을 거듭하면서[26] 구체적인 검토가 이루어지고 있다. 그는 원소의 기원에서 태양계, 지구의 생성, 유기화합물의 발전, 고분자 유기화합물의 생성에서 코아세르베이트계, 원시생물(protobiont)의 진화와 자연도태를 거쳐 원시생물에 이르는 과정을 실험을 토대로 설명하고 있다. 오파린 이외에도 유기물 생성이 원시생물의 형성 이전에 있었다고 하며 그 과정에 관한 진화적 견해를 밝힌 홀데인(John Burdon Haldane, 1892~1964)[27]이 있고, 지구 위에 있어서 유기물질의 일차적 형성설은 대행성과 그 위성의 대기, 항성 간의 가스진상물질과 다른 우주의 대상물에서 탄화수소의 존재가 확인되면서 그 기반이 굳어지고 있다. 이를 가능케 한 것은 천문학, 물리학, 화학, 지학의 연구인데 특히 유리[28](Harold Urey, 1893~1981)와 버널[29]의 저서가 그렇다.

지구 위에 있어서의 최초의 탄소화합물의 생성과 진화, 원시수권과 기권에 있어서의 물질변화를 재연시키기 위해 실험실에서 무기물로부터 아미노산을 합성하는 일에 성공한 이가 유리일파의 밀러(S. Miller)[30]이다. 이 아미노산은 생물체의 주축물질인 단백질 분자의 단위분자(unit molecule)이다. 또 유전정보를 간직하고 있는 핵산의 단위분자는 오탄당, 인산 및 아데닌, 구아닌, 시토신, 티민, 우라실 등 5종의 염기다. 오늘날 이러한 단위분자로부터 단백질이나 핵산의 생합성이 가능하게 됐다. 이러한 단위분자의 중합체로부터 코아세르베이트와 같은 다분자계의 일차적 형성과 그 안에서의 원시적 물질대사의 생성 등 광범위한 연구가 진행되고 있다. 그러나 현재의 지구 조건에서 생명의 일차적 발생을 관찰한다는 일은 불가능하다. 탄소화합물의 진화 과정은 고정적인 일방향성이기 때문이다. 더욱 수십억 년 전에 십억 년 이상 걸렸던 화학진화를 재현할 가능성은 없다. 그러나 '전생물계의 생성'[31]의 과학적 연구는 활발하게 진행되고 있다.

한편으로는 진화단계가 다른 생물의 생리기능의 비교, 즉 비교생리학[32] 또는 비교생화학적 연구[33]가 활기를 띠게 됐는데 이는 물질대사의 진화계열을 규명하고 원시생명의 확립과정을 이해하는 데 크게 도움이 될 것이다. 또 잃어버린 진화의 사슬을 연결할 수 있고, 따라서 대사과정의 방향은 물론 진화과정도 정확하게 파악할 수 있을 것이다.

2. 생명의 기원

생명은 무한한 과거로부터 영속해 온 것도 아니고 자연발생한 것도 아니다. 때문에 어떤 방법으로든지 과학적으로 생명의 기원이 설명돼야만 한다. 다행히도 오파린과 버널의 체계에서 생명기원에 대한 과학적 근거를 찾아볼 수 있다. 특히 오파린은 물질에서 생명의 기원을 찾고 있고, 물질과 생명과의 관계에서는 '특수하게 조직된 물질의 존재양식'으로서 생물을 비생물적 물질과 구별하고 있으며, 생명기원 문제를 지구사에서 일어난 물질진화의 전반적 과정의 일환으로 보고 있다.

한편 지구사 이전에 지구의 형성과정이 있었을 것이다. 지구의 형성은 우주 진화의 테두리 안에서 살펴볼 필요가 있다. 즉, 우주의 역사를 이해함으로써 지구를 이해하고 나아가서는 생명을 이해할 수 있을 것이다. 따라서 "현재의 생물을 인공적으로 직접 합성하려는 시도는 그야말로 유치한 일이라고 생각할 수밖에 없다. '생명의 합성'은 지구에서 생명이 생성됐던 출발점과 같은 계에서 시작돼야 할 것이다."[34] 생화학자 오파린과 생물물리학자 버널[35]의 체계 사이에 몇 가지 차이가 있기는 하나 본질적 문제에 있어서는 다른 것이 별로 없다.

오파린은 생명발생에 이르는 물질진화의 역사를 ① 무기물로부터 간단한 유기화합물의 생성, ② 간단한 유기화합물로부터 복잡한 유기화합물의 생성, 특히 단백질의 생성, ③ 물질대사를 할 수 있는 단백질계, 즉, 생명 발생으로 나뉜 세 단계로 갈라서 생각하고 있다. 유기물질은 생명체의 구성물이고 이것 없이 생명은 없다. 따라서 무기물질로부터 유기화합물이 생성된다는 일은 생명발생을 위해서 반드시 일어나야 할 생명역사의 제1단계이다. 지금은 당연한 것처럼 보이나, 이 문제가 오파린에 의해서 제기될 때까지는 유기물질은 생물에 의해서만 생성할 수 있다는 고정관념이 굳어져 있었다. 뵐러의 누소합성(1828)은 이러한 고정관념에서 탈피토록 하는 훌륭한 업적이었으며 그 후부터 유기물 합성이 활발해졌다.

우선 오파린은 자가영양생물과 타가영양생물[36]을 비교할 때 어느 면에서는 자가영양생물이 타가영양생물보다 간단하지 않고 오히려 복잡하다는 사실을 보았다. 이러한 사실은 분류학이나 형태학적 견지에서뿐만 아니라 대사양식에 있어서나 이산화탄소(CO_2)를 동화하기 위한 내부 조직의 구조에 있어서도 독립영양생물이 더욱 복잡하다. 예를 들면, 광합성을 하는 단세포 조류의 어떤 것은 배지에 포도당이나 유기산을 공급하면 엽록소가 감소하고 타가영양의 생활양식으로 변화한다. 이러한 몇 가지 점을 고려해 오파린은 유기물을 섭취하는 생물이 CO_2를 동화하는 생물보다 원시적이고, 따라서 유기물질이 생명의 기원보다 먼저 있었다고 생각하는 것이 합리적이라고 했다.

(1) 유기화합물의 생성

생명물질로서의 특색을 지니고 있는 유기화합물의 기원을 모색하기 위해서는 시야를 우주로 돌려볼 필요가 있다. 태양은 약 6,000℃의 고열이므로 생물이 없는 것은 물론이며, 화합물도 형성할 수 없고 대부분 원자의 형태로 존재한다. 그럼에도 불구하고 탄소원자끼리의 또는 탄소와 수소와의 결합이 존재한다는 것은 유기물이 비생물적으로도 생성될 가능성이 크다는 것을 시사한다. 또 목성과 토성의 위성 타이탄[37](Titan)에서도 메탄(CH_4), 암모니아(NH_3), 수소(H_2) 등이 확인됐는데 이 유성은 –140℃의 저온임에도 불구하고 메탄과 같은 탄소화합물이 비생물적으로 생성되고 있다. 또 운석에서도 대분자의 탄화수소와 그 유도체가 발견된다.

이러한 사실은 비생물적으로 유기물 생성이 가능하다는 것을 알려주기 때문에 지구에서도 생명기원 이전에 무기물로부터 유기물로의 물질진화가 있었으리라는 추측이 가능하다.

지구는 우주 공간에 있는 가스진상물질(塵狀物質)이 집합해서 만들어진 것인데, 당시의 원시지구 속에는 방사성물질이 포함돼 그 붕괴열로서 온도가 서서히 상승했다고 생각된다. 그 결과 철, 니켈(Ni) 등 무거운 것은 지구의 중심으로 모이고 가벼운 암석 질은 표면을 형성하게 됐다고 생각된다. 이러한 분층과정에서 많은 열을 낸다고 하는 학자도 있다. 지구생성과정이 어떤 것이었든 간에 초기는 대단히 높은 열을 가진 불덩어리와 같았을 것이라고 여겨지고 있다.

방사성동위원소로 측정한 지구의 연령은 약 45.5억 년으로 계산되고 있는데 태양과 같은 연령이라면 50억 년은 될 것이다. 지구의 변화에 대해서는 지구물리학이나 지구화학이 제시하는 연구 결과 생명 탄생 이전의 상태까지도 어느 정도의 개념을 형성할 수 있다.

유리는 행성원질, 즉 가스진상물질이 굳어지기 시작할 때부터 유성이 생길 때까지의 전환기의 양상을 설명하고 있다.[38] 지구형성 초기에는 심한 환원상태에 있었다고 한다. 그것은 이러한 가스진상물질의 성분 중 많은 양의 수소가 존재하고 있었기 때문이다. 그러나 지구가 고체가 됐을 때는 고온 상태에 있게 됐고 수소, 메탄, 네온 등의 가벼운 가스는 지구 외로 흩어져 날아갔다. 이때 지구는 환원기에서 산화기로 옮겨졌다고 한다. 이 무렵 물 분자 중의 산소에 의해 대단히 많은 물질이 산화됐고 동시에 물에서 생긴 수소는 대기권 밖으로 비산했다고 생각된다. 이 시기에 비로소 CO_2가 형성된 것으로 보이며,

이때의 탄소는 철이나 니켈 등과 합금된 탄화물의 상태로 존재했었다.[39]

태고적 지구에서는 심한 지질변동이 있었다. 이런 때에 지각 중의 탄화물과 물이 반응할 가능성은 크고 풍부한 탄화수소가 생성됐다고 한다. 탄화수소는 탄소와 수소 이외에 산소, 질소, 황 등을 포함한 화합물을 만들 가능성이 있다. 지구 표면이 산화적으로 되면서 탄화수소는 그 산소유도체인 알코올, 알데히드, 카르복시산 등과 CO_2가 생기기도 하고 포화화합물에서 불포화화합물이 생기기도 해 점차 여러 가지 유기물이 생겼으리라고 한다. 이처럼 지구에 있어서의 초기 탄소화합물은 '탄화수소'라고 강조하고 있는데, 버널은 메탄과 같은 탄화수소의 존재를 가볍게 여기지는 않았지만 CO_2에 중점을 두고 있다. 버널은 용융상태에 있던 원시지구의 지표에는 탄산염이 용존하고 있었고 지각의 결정화에 따라 CO_2의 형태로 대기 중에 방출됐다고 생각하며, 메탄도 일부는 원시 기권에서 산화돼서 CO_2가 된다고 생각한다. 또 CO_2로부터 출발해 여러 가지 유기물질이 형성되기 위해서 필요로 하는 에너지는 태양의 자외선 에너지로서 보증된다고 주장하고 있다. 즉 무기적인 '자외선 광합성'이 지구사의 초기 단계에 있었다는 점이 버널설의 중요한 특징 중 하나이다.

(2) 유기화합물의 진화

탄화수소는 반응성이 대단히 풍부해 원시지구에서 많은 종류의 유기물을 만들었다고 여겨진다.[40] 현존 생물체를 이루는 성분 중에서 중요한 유기화합물은 탄수화물, 단백질, 지방, 핵산 등이다. 이들은 가수분해하면 더 이상은 가수분해되지 않는 단위분자가 된다. 탄수화물은 단당류로, 단백질은 아미노산으로, 지방은 지방산과 글리세롤로, 핵산은 인산, 오탄당인 리보스 또는 데옥시리보스 및 푸린 또는 피리미딘 염기로 각각 분해된다. 따라서 이들 단위분자가 중합(重合) 또는 결합함으로써 고분자 유기화합물로 진화했다고 생각할 수 있기 때문에 우선 단위분자의 합성이 문제돼야 한다.

원시지구에서 비생물적으로 유기물합성에 이용됐다고 생각되는 에너지원은 단파장의 자외선, 방사성 조사, 대기 중에서 일어나는 번갯불과 같은 불꽃방전, 무성방전, 화산분출의 고열 등이다.[41]

원시지구를 모방한 실험 조건에서 이들 에너지를 이용해 많은 유기화합물을 합성할 수 있다. 이때 출발물질은 메탄, 암모니아, 수소, 수증기와 같은 간단한 화합물과 이들로부터 쉽게 유도되는 일산화탄소(CO), 시안화수소(HCN), 포름알데히드(CH_2O), 아세트알데히드(CH_3CHO), 티오요소[$SC(NH_2)$], 티오시안산암모늄(NH_4SCN) 등이다. 이러한 것으로부터 합성된 유기화합물은 상당히 많은데 중요한 단위분자와 약간 복잡한 유기물질은 유기산과 알데히드, 아미노산과 폴리펩티드, 아민과 아미드, 당, 특히 리보스와 데옥시리보스, 푸린과 피리미딘 염기, 누클레오시드와 누클레오시드인산, 폴리누클레오티

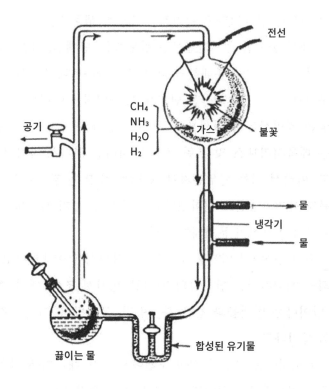

전선

CH₄
NH₃
H₂O
H₂

가스

불꽃

공기

물

냉각기

물

끓이는 물

합성된 유기물

[그림 2] 방전에 의한 유기물질 합성을 위한 장치(S. Miller)

드, 포르피린 화합물 등과 이 밖에도 생물적으로 중요한 화합물 등이 있다.[42]

　지구의 원시대기를 모방한 혼합기체 중에서 전기방전으로 아미노산을 생성한 실험은 이미 1953년에 밀러(S. Miller)에 의해 이뤄졌다.[43] 그는 CH_4, NH_3, H_2, 수증기의 혼합기체 중에 불꽃방전과 무성방전을 하면서 물을 끓여 그 증기를 순환시키는 실험을 계속해 글라이신(glycine), 알라닌(alanine), α-아미노부틸산(α-aminobutylic acid), 글루탐산(glutamic acid), 카르노신(carnosine), N-메틸알라닌(N-methylalanine)[44] 등 여러 아미노산의 생성을 확인했고, 중간생성물로 알데히드(aldehyde)와 시안화수소(HCN)가 있었다. 그 후 이와 비슷한 실험이 여러 사람들에 의해 이뤄졌다. 방전 이외에도 X선, β선, γ선, 가열, 화산조건을 갖춘 열처리, 자외선 등 여러 가지 방법으로 유기물질, 특히 단위분자의 비생물적 합성이 알려지고 있는데, 오로(J. Oró)는 비생물적으로 핵산의 단위분자를 합성하는 데 성공했다.

생명기원을 향하는 다음 단계는 단위분자에서 고분자 화합물로의 발전이다. 누클레오티드 성분이 비생물적으로 결합하고 이 누클레오티드의 복합체, 즉 폴리누클레오티드(polynucleotide), 즉 핵산으로의 발전, 아미노산의 중합에 의한 폴리펩티드와 단백질의 합성, 글리세롤과 지방산으로부터 지방의 합성, 그리고 단당류로부터 이당류, 과당류, 다당류로의 발전이 모두 비생물적으로 이루어져야 한다.

아미노산에서 단백질로 발전하는 과정에서 오파린은 근년 아카호리(赤堀四郎, 1955)의 연구[45]에 동의하고 있다. 즉 포름알데히드(CH_2O)와 시안화수소(HCN)와 암모니아(NH_3)를 카올린(kaoline, 고령토)의 존재 하에서 130℃에 두면 가장 간단한 아미노산인 글라이신의 중합체 폴리글라이신(polyglycine)이 생성되고 이것은 단백질의 반응을 나타낸다. 여러 가지 아미노산은 이 폴리글라이신에 알데히드 등이 결합해 마치

펩티드 연쇄의 측쇄처럼 돼 단백질 상태로 생성된다고 한다. 이 반응에서는 카르복시기(-COOH)나 아미노기(-NH₂)[47]가 붙은 탄소원자(C)에 반드시 메틸렌기(CH₂)가 결합하게 되는데 이것은 오늘날의 복잡한 아미노산의 구조와도 일치하는 것이라고 한다. 이 설의 장점은 펩티드 결합[48]을 할 때 외부에서의 에너지 공급이 필요없다는 점이다.

$$CH_2O + HCN + NH_3 \longrightarrow NC-CH_2-NH_2$$
아미노니트릴

$$NC-CH_2-NH_2 \longrightarrow (-OC-CH_2-NH-)_n + NH_3$$
폴리글라이신

$$C_6H_5-CHO^{46} + \left(H_2C < \begin{matrix} CO- \\ NH_3- \end{matrix} \right)_n$$
벤즈알데히드
폴리글리신

$$\longrightarrow C_6H_5-CH_2-CH < \begin{matrix} CO- \\ NH- \end{matrix}$$
페닐알라닌잔기

이 밖에도 비생물적으로 아미노산 혼합물의 열중합에 관한 실험 등 많은 연구가 있고, 시원적 중합 과정에서 특별한 역할을 했다고 생각되는 인산화합물도 300℃ 이상에서 인산이 축합해 폴리인산을 생성할 수 있다. 더욱 무기적으로 폴리인산을 작용시켜서 핵산을 합성할 수도 있다.[49] 더욱 누클레오티드 성분의 합성에도 성공하고 있는데 이 때의 에너지원으로

2,400~2,900Å의 자외선을 쬐고 40℃에서 처리했는데 AMP에서 ADP로, 그리고 ADP에서 ATP로의 변화를 확인하고 있다.[50] 유기물질의 중합체를 비생물적으로 합성하는 실험은 이밖에도 포르피린과 그 유도체 등에서 이루어지고 있다. 이러한 일의 대체적인 방향이 설정되고 있기는 하나 명백한 것은 장래의 연구에 기대할 수밖에 없다.

밀러나 아카호리, 그 밖의 연구자들에 의해 알려진 것은 유기물질의 여러 단위분자나 그 중합체의 생성이 생물적으로 생성될 때와는 별도의 경로를 거친다는 것이며, 이러한 유기물 진화는 완전한 무균상태에서 이뤄졌던 것이다. 또 지구에서 복잡한 유기화합물로의 진화과정이 비생물적으로 이루어질 수 있었던 것은 소행성, 달, 금성, 화성 등에는 전혀 없는 일로서 수권이 기권과 접하고 있는 지구의 특수 조건을 고려할 수 있다.

(3) 전 생물계의 생성

생명의 특징에 대해서 오파린은 "외계에서 구획된 것으로 개별적으로 대단히 복잡한 계, 즉 생명체를 이루고 있는 것이다. 전체로서는 균일한 유기물질의 용액으로부터 간단한 어떤 출발계가 분리되며, 그 계가 오랜 진화과정을 통해 단계적 완성화를 향하는 것을 기초로 해 비로소 생명이 발생할 수 있었다."[51]라고 해 철저한 시간성의 개재와 방향성을 제시하고 있는데, 버널도 "생명체를 이루고 있는 여러 과정은 일정한 동적 안정성이 있어야 한다. 이런 의미에서 이들은 일정한 기능을 갖고 있어야 하며 자기에 선행하는 어떤 체계에서 기원하고 그것으로부터 진화 발전한 것이 아니면 안 된다. 쉽게 말하면 기능이 있어야 하고 선행하는 것으로부터 탄생한 것이라야 한다."[52]라고 해 연속성의 개념과 시간성을 강조했다. 생명을 역사적으로 본 점에서 오파린의 체계와 별다른 차이가 없다.

오파린이 말한 '최초의 계'인 '출발계'는 주위의 매질과는 경계면으로 구분돼 있고 매질과 상호작용하는 능력을 갖춘 것이었으리라고 한다. 현재 자연조건 하에서 단백질-리포이드막으로 싸여진 소액포가 수면에서 형성되고 있고, 아미노산 혼합용액을 170℃에서 용암괴와 같이 가열하면 지름 2~7μ의 소구체가 형성된다. 이것은 오랫동안 그 형태를 유지할 뿐 아니라 3,000rpm의 원심 분리에 견딜 수 있고, 초박절편의 제작도 가능하다. 또한, 전자현미경으로 관찰하면 이중막 구조까지 갖추고 있어서 생세포의 단백질-리포이드막과 비슷하다. 이러한 사실은 원시적 상태에 가까운 조건 하에서 형성된 고분자 복합체가 자발적으로 공간적 구조를 형성할 능력이 있음을 실험으로 증명한 것이다. 이런 결과는 정적인 면에서 의미가 있으나 이로써 진화하는 동적인 계를 설명할 수는 없다.

코아세르베이트[53]의 형성과정은 희박한 용액에서 고분자 물질을 농축하는 가장 강력한 수단이다. 즉 젤라틴(gelatine) 함량이 0.001%에 지나지 않는 용액에서도 코아세르베이트적(滴)이 분리되는데, 이때 액적 내 고분자의 농도는 수십%에 달한다. 이 경우는 액적이 액체이고 더욱 대부분의 경우 친수성임에도 불구하고 주위의 수용액과 분리 경계면으로 분리돼 있으면서 액적과 외액과의 사이에 상호작용이 가능하다. 오파린 등(1964)은 폴리라이신(poly-lysine)을 히스톤(histone)과 공존시키든가 또는 이와 병행해 폴리아데닐산(polyadenylic acid)을 생체 외 합성할 때 코아세르베이트적이 생성됨을 확인했다. 즉 고분자사슬 중의 단량체의 배치가 법칙적 질서로 있을 필요가 없음을 증명했다. 이는 전생물계의 단계에서는 아미노산이나 누클레오티드가 비특이적으로 중합되고 그러한 조건 아래서 코아세르베이트의 분리가 일어났다고 할 수 있다. 코아세르베이트는 개방계의 형식에 따라서 끊임없이 매질과의 상호작용을 통해 쉽게 '동적 안정성'을 가질 수 있는 '다분자계'이고 생명기원의 '출발계'에 있어서의 구조와 초기의 물질대사를 재연할 수 있는 좋은 모델이 될 수 있다.

많은 연구에 의하면 리포이드가 존재할 경우 코아세르베이트적의 표면에는 막상구조가 생긴다. 그러나 이러한 막상구조가 없다 하더라도 액적은 항상 주위의 매질과 경계를 이루면서 상호작용할 수 있는 능력이 있다. 이 능력은 액적이 진화할 수 있는 중요한 성질이다. 또 이 상호작용은 외액에서 물질을 선택적으로 흡수하는 능력의 출발점이기도 하다. 색소를 외액에 넣어주면 점점 액적 내로 농축돼 외액은 희박하게 되는 것을 현미경으로 쉽게 관찰할 수 있다. 이러한 현상은 아미노산으로도 확인되는데, 탄수화물과 모노누클레오티드(mononucleotide)의 경우는 내외액이 똑같은 농도로 유지된다. 그러나 이런 계는 액적과 외액과의 평형이 빠른 시간에 성립돼 버리고 액적은 바로 열역학적 안정상태를 얻어서 정지계가 돼버린다.

그런데 아무리 작은 단세포생물이나 몸이 큰 다세포생물도 살아 있는 동안은 끊임없이 주위의 매질과의 사이에 상호작용하는 상태에 있다. '생명 있는 계'는 전체로서 물질대사를 이루는 생화학반응이 쉴 새 없이, 그리고 빠른 속도로 진행되고 있는 것이다. 그 계속적 존재와 형태의 일정성은 끊임없이 진행하는 운동과 결합돼 있다. 따라서 원형질은 정적인 계가 아니고 '개방된 동적 평형계'[54]이다. 즉 생명체는 여러 과정이 일정불변하게 일방향으로 진행하는 개방계이면서도 시간적으로 그 성질은 항상 일정하다. 열역학적 평형에 있어서 자유 에너지의 변화는 평형계에서는 없으나($dF=0$) 동적 평형계에 있어서는 끊임없이 일정한 속도로 일어나고 있다(dF=일정).[55]

생세포에 있어서는 반응 하나하나가 독립돼 있는 것이 아니라 대단히 복잡하면서도 엄밀하게 조정된 화학반응의 연쇄가 전체로서 동적 평형을 이루고 있는 것이다. 그 연쇄는 외길인 경우도 있고 갈림길일 수도 있으며 닫혀진 회로를 이루는 경우도 있다. 이 회로에서는 일정한 화학과정의 반복성이 생긴다. 그러나 개개의 회로에서는 항상 불가역적으로 분지한 과정이 생기고 그 결과 대사는 전체로서 일방향으로 진행한다. 원형질 중에는 많은 반응연쇄와 회로가 서로 결합하고 많은 분지가 법칙적으로 짜여진 물질대사망을 이룬다. 이를 한꺼번에 많은 기차가 서로 다른 속도로 운행되는 중인 철도망과 비교한 이도 있다.[56] 원형질에는 생화학 과정의 일정한 여러 경로, 즉 '합리적으로 조직된 총 노선망'이 깔려 있고, 그 노선에 따라서 물질의 화학변화와 그에 따르는 에너지 생성이 거대한 속도로 엄밀하게 지켜지는 시간표를 따라 끊임없이 진행한다. 이때 원형질의 시간적 조직화의 밑바탕을 이루고 있는 것은 서로 연결돼 있는 대사속도의 상호관계다.

코아세르베이트적이 어느 정도 생물적 모델 구실을 하려면 정적인 상태에서 동적 평형계로 이행하지 않으면 안 된다. 그러기 위해서는 단순히 외액으로부터 물질을 선택적으로 흡수하는 일뿐 아니라 액적 내에서 어떠한 화학변화를 받을 필요가 있다. 그림에서 직사각형으로 둘러싸인 부분을 코아세르베이트적과 같은

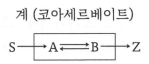

계 (코아세르베이트)

계라 하고 S와 Z는 외액, A는 외액으로부터 계 안으로 들어가는 물질, B는 반응산물로서 계 밖으로 확산될 수 있는 물질이라고 할 때, A→B의 반응이 그 역반응보다 빠르다. 또, 외계에서보다 계 내에서 더욱 빠른 속도로 반응이 진행하면 계

내의 A농도는 항상 저하해 계 내외의 평형이 깨어져 외계로부
터 A물질은 계 내로 들어가게 된다. 반면에 B물질은 이 반응
으로 농도가 점점 농후해져 외계로 유출되게 된다. 결과적으로
이 계를 통해 끊임없이 일방향으로 물질의 흐름이 생긴다. 이
때 에너지는 A로써 계 내로 들어가고 계 내에서는 A→B의 반
응으로 에너지가 계 내에 유리되며 그 보충으로써 계의 dF가
항상 일정하게 유지된다. 이러한 반응속도를 증대하기 위해서
는 적당한 촉매를 계 내에 도입하면 된다.

   계 내에서 두 가지 반응이 결합돼 있을 때는 더욱 복잡하
게 된다. 즉

계 (코아세르베이트)

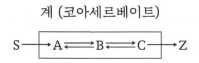

   A→B와 B→C의 두 가지의 반응속도에 있어서 그 상호관
계 여하에 따라 B물질은 계에 축적되기도 하고 급속히 계에서
소멸되기도 한다. B물질이 그 계의 성분으로서 함유되는 고분
자일 경우는 계 자체의 부피나 무게가 커질 수도 있고 작아질
수도 있다.

   오파린은 이러한 현상을 재현하는 모델 실험을 했다. 천
연 고분자 유기화합물의 혼합용액에서 형성된 코아세르베이
트적을 계로 하고 촉매는 효소표품을 사용했다. 아라비아 고
무(gum arabic)와 히스톤의 용액을 pH 6~6.2에서 혼합해 만

든 코아세르베이트에 감자의 포스포릴라아제(phosphorylase, glucosyl-transferase) 표품을 첨가하면 이 효소는 거의 완전하게 액적 내에 농축된다. 외액에 글루코스-1-인산(glucose-1-phosphate, G-1-P)을 용해시키면 액적 내에 녹말이 축적되고 이것은 요오드 반응으로 간단히 확인할 수 있다.[57] 이때 G-1-P는 코아세르베이트 액적 내외에서 그 농도를 일정하게 유지하고 있다. 즉 액적 내의 녹말 축적을 위해서 G-1-P는 외액에서 계 내로 들어가게 된다. 한편 β-아밀라아제[58](β-amylase)를 포스포릴라아제와 같이 외액에 첨가하면 계 내의 녹말이 가수분해 돼 엿당은 계 외로 나간다. 이러한 합성과 분해과정을 그림으로 설명하면 다음과 같다. 이 계에서

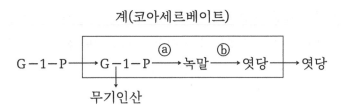

@와 ⓑ의 반응속도의 상호관계에 의존해, 외계물질을 소비해서 계 내의 고분자 유기화합물인 녹말의 양이 많아지기도 하고 적어지기도 하며 더욱 액적은 계 내에서 외계물질의 촉진적 중합으로써 성장하기도 하고 붕괴하기도 한다. 이러한 계는 어느 정도 생세포의 간단한 모델일 수 있다. 이와 비슷한 실험으로 핵산의 효소적 합성과 분해를 일으킬 수도 있다.

이러한 것은 다분자계의 복합체 모델이 될 수 있다. 따라서 이러한 실험으로써 최초의 전생명단계를 추측할 수 있다. 그러나 그 복합체가 그곳에서 합성된 폴리펩티드나 폴리누클레오티드, 그 밖의 고분자로부터 생성되지만 고분자사슬 중의 단량체 잔기의 일정한 배열순서는 없었다. 또 이 모델은 외액 중에 고에너지 인산화합물이 있을 때에만 성장한다. 따라서 원시 수권에 존재했던 많은 코아세르베이트는 단파장의 자외선 에너지에 의존했었다고 생각할 수 있고, 그 후 고에너지 화합물을 형성하는 능력을 갖춘 액적만이 남게 됐을 것이다.

이러한 과정으로서 가장 가능성이 큰 것은 전자 또는 수소의 이동과 관련된 산화환원반응이었을 것이다. 이러한 형은 물질대사의 초기에 성립됐으리라고 생각되는데 그것은 모든 생물에서 가장 보편적인 과정이기 때문이기도 하다. 오파린은 코아세르베이트 모델로서 이러한 산화환원반응을 실험하고 있다. 그림과 같이 환원형인 NAD·H$_2$[59]

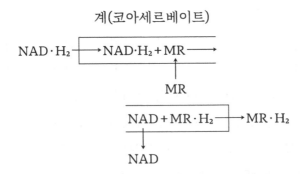

계(코아세르베이트)

$$\text{NAD·H}_2 \longrightarrow \text{NAD·H}_2 + \text{MR} \longrightarrow$$

$$\text{MR}$$

$$\text{NAD} + \text{MR·H}_2 \longrightarrow \text{MR·H}_2$$

$$\text{NAD}$$

가 외액에서 계 내로 들어가서 액적에 흡착된 색소(MR)에 수소를 옮겨주면 색소는 환원돼서 외액으로 나온다. 산화환원반응이 인산화과정과 공액할 때[60] 고에너지 인산화합물의 축적이 일어날 수 있고 그 에너지는 고분자 유기물질의 합성에 이용될 수 있다.

액적을 거쳐가는 물질의 흐름은 간단한 산화환원 모델에서는 전자(수소)를 전달하는 과정에서 유리되는 에너지, 즉, 반응물질 자신의 에너지만으로 이뤄졌다. 그러나 이러한 일을 위해서는 외부에서 계 내로 들어가는 빛의 에너지도 보조적으로 이용된다. 생명발생의 초기에 이러한 에너지는 단파장의 자외선이라고 생각된다. 이러한 과정은 코아세르베이트적에 엽록소(chlorophyll)를 도입한 모델 실험에서 재현할 수 있다. 이러한 액적을 아스코르브산(ascorbic acid, As)과 메틸레드(methyl red)의 용액에 넣어 가시광선을 조사하면 다음과 같은 산화환원적 빛 과정이 일어난다.

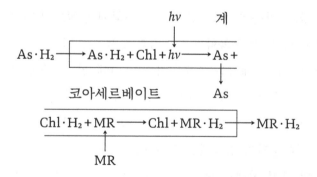

즉 환원형 아스코르브산($As \cdot H_2$)은 계 내로 들어가서 수소를 엽록소에 넘겨주는데 이 과정은 광양자($h\nu$)의 참여가 있어야만 한다. 이어서 엽록소는 수소를 외액에서 계로 들어온 색소(MR)에 넘겨주고 스스로는 원래의 상태로 돌아가며, 반응산물 As와 $MR \cdot H_2$는 외액으로 나간다. 이 실험에서 계 내의 산화환원반응은 외액에서보다 수백 배나 빨리 진행한다.

위에서 산화환원, 공액인산화, 중합 등을 코아세르베이트로 실험했는데 이들을 하나의 액적 내에서 다 같이 연결 지을 수 있어야 하겠다. 이러한 종류의 계는 외계와 적극적으로 상호작용해 동적 안정성을 유지하고 성장할 능력을 갖추게 된다. 이러한 계를 오파린은 '원시생물'(protobiont)이라 부르고 있다. 이것은 복잡하고 정돈된 메커니즘을 갖추고 있으나 여러 가지 점에서 원시적인 생물에 비하면 간단한 것이다. 그 이후의 진화에서 이것은 원시생물로 발전할 수 있는 것이고 지구 상에 생명을 잉태한 터전이 됐던 것이다.

위에서 설명한 것은 오파린 체계의 코아세르베이트 이론에 기초를 뒀는데 버널[61]은 유기물 진화에서 점토의 역할을 중시하고 있다. 즉 광화학반응의 결과로 생성된 일차적 유기물은 보편적으로 존재하는 점토입자의 표면에 선택적으로 흡착돼 점토입자의 운동으로써 바닷가에 집적될 뿐 아니라 그곳에서 상호 반응하고 빛에너지의 흡수도 일어나서 최후로 단백질과 같은 거대분자가 형성됐을 것이라고 한다.

몇 가지 점에서 오파린과 버널의 이론 사이에 약간의 차이가 있기는 하나 '최하등의 생물이라 할지라도 그 배후에는 유기물 진화의 오랜 역사가 있고 그 역사의 산물로서만 생명이 출현할 수 있다.'라는 기본적 개념은 일치한다.

(4) 시원생물의 발생

탄소화합물의 진화과정을 살펴오는 동안에 선행하는 과정이 다음 발전단계의 기초를 이루고 있었으며 기구의 고도화의 방향으로 발달했음을 알 수 있었다. 더욱 복잡한 화학반응도 개방된 동적 평형계를 일방향으로 흐르고 있음을 이해하게 됐다.

지구상에 최초로 출현한 탄소화합물은 탄화수소이다. 이것으로부터 간단한 유기화합물 즉, 단위분자가 형성됐다. 그후 단백질, 핵산 등의 고분자 중합체가 이뤄졌지만 그때는 사슬을 이루는 단위분자의 규칙적 배열은 없었다. 이러한 중합체 형성은 공통용액인 원시수권에서 코아세르베이트를 형성했고 이것이 '출발계'가 돼 점점 고도화의 길을 밟으면서 이뤄졌다. 처음에는 정적이던 것이 동적인 것으로, 다시 개방계이면서도 동적 평형계로 발전했으며 나아가서는 물리·화학적 법칙에 따라서 '원시생물'로까지 발전했다.

그러나 아무리 간단한 생물이라 할지라도 합목적성과 물질대사의 일정한 방향성에 있어서 코아세르베이트의 어떠한 계도 이를 따를 수 없다. 생물에서 이뤄지고 있는 수많은 화학반응은 엄밀하게 조정돼서 하나의 대사망을 이루어 '자기보존'을 하고 있을 뿐 아니라 끊임없이 '자기재생산'이라고 하는 하나의 질서를 유지하고 있다.

　이러한 합목적성의 발생은 다윈의 '자연도태설'로써 비로소 이해할 수 있게 됐다. 이는 고등생물뿐 아니라 최하등생물에 이르기까지 생물계 전체에 걸쳐 있는 법칙성이다. 무기계에는 이러한 합목적성이 없다. 그렇기 때문에 무기계의 법칙을 가지고 생명을 설명하려고 해도 그것은 무리한 일이다. 생물에 특징적이고 합목적적인 세포 내 기구, 즉 생물적 물질대사와 그것과 관련된 구조의 발생을 이해하려면 '생물과 환경과의 상호작용' 및 '자연도태'에 의해서만 가능하다. 이 생물학적 법칙성은 생명의 형성과정에서 발생했고 그 후로 계속되는 진화과정에서도 중요한 구실을 담당했었다.

　이러한 개념을 기초로 해 오파린은 그가 가정한 '원시생물'을 생명진화의 출발점으로 보고 있다. 즉 원시생물이 동적으로 안정한 계일뿐 아니라 주위의 매질로부터 에너지를 받아서 오랫동안 자기보존을 하며 계 내에서 진행하는 여러 반응이 일정한 결합을 할 때 그 크기와 무게가 증대될 수 있고 코아세르베이트 모델에서와 같이 성장할 수가 있다고 생각한다. 또 원시생물이 성장할 때 그 특유의 조직 형태를 어느 정도 불변의 상태로 유지할 수 있다고 하며 더욱 새로운 중합분자가 계속해서 합성될 때 폴리누클레오티드의 복제능[62]도 획득했다고 한다. 초기지구의 수권에서 원시생물이 무사히 성장했으리라고 생각할 수는 없다. 파도에 의한 분쇄도 있었을 것이기 때문에 '전생물적 자연도태'[63]를 받았을 것이다. 만약 촉매 중에 있던 어떤 원시생물이 산화, 공액, 중합의 반응을 촉진하고 이들 반응의 조화가 고도화돼 계의 합성과 성장을 촉진하는 대사로 변화가 일어난다면, 이러한 계는 당연히 다른 계보다 우월성을 획득해 더욱 많은 개체를 형성하게 되고 기구의 개량이 일어났을 것이다. 그 기구의 개량은 대사 기구에서 가장 중요한 요소인 촉매와 관계가 있었을 것이다. 최초의 촉매는 매질 내의 가장 간단한 유기 또는 무기화합물뿐으로 특히 철, 구리, 기타 중금속의 염류는 전자(수소)전달반응을 현저하게 촉진했을 것이다. 현재의 효소에 비하면 비능률적인 촉매지만 그들의 촉매 활성은 어떠한 기(基) 또는 분자와 결합함으로써 현저하게 강화될 수 있다.

전자(수소) 전달반응은 무기의 철 이온으로써 촉진된다. 그러나 그 작용은 대단히 약한데 이 철이 피롤[64](pyrrol)과 결합하면 약간 증가한다. 4개의 피롤로 이루어진 화합물, 즉 포르피린(porphyrin) 고리에 철이 결합한 헤민(hemin)은 무기의 철에 비해 1,000배 이상의 촉매작용이 있게 된다. 다른 경우도 '출발분자'에 다른 여러 가지 분자와 기를 결합시킴으로써 '인공효소 모델'을 얻고 있다.[65] 이러한 사실에 기초를 두고 가장 간단한 비능률적 촉매의 능률화로의 진화를 생각할 수 있다. 그러나 단순한 용액 내에서는 존속의 우열관계가 없기 때문에 '자연도태'는 있을 수 없지만 원시생물과 같은 계 내에 선택적으로 흡수되면 그 속에서 촉매적으로 활성이 있는 복합체를 만들고 그 복합체가 중합반응이나 그 밖의 대사를 촉진하게 되면 계의 동적 안정성과 성장에 기여하게 된다. 그 복합체가 완전한 것일수록 즉, 분자구조가 그 촉매 기능과 잘 대응될수록 또 그 기능이 다른 대사 반응과 잘 조화될수록 그 원시생물은 우월성을 획득하게 돼 주어진 외계의 조건에서 보다 능률적인 동적 안정성을 얻고 빨리 성장하며 증식한다. 그 결과 전생물계의 진화에 있어서 우월한 위치를 차지하게 된다.

NAD(nicotinamide-adenine-dinucleotide)는 산화환원을 촉매하는 효소의 조효소로서 모든 생물에 분포하고 있는 점으로 보아 진화의 비교적 초기 단계, 즉 생명이 탄생할 무렵에 많은 유사화합물 중에서 생물계에 선택됐던 것으로 생각된다. 아데닌 유도체의 비생물적 합성이 다른 것에 비해 우월하기 때문에 발전하는 원시생물에 선택적으로 흡수돼 그 자체의 복잡화와 더불어 수소전달체로서의 적합화를 획득해 갔었다. 이러한 일은 플라빈(flavin) 유도체, 조효소A(CoA) 등에서도 이루어졌으리라고 한다. 즉 진화의 일정 단계에서 조효소[66]가 촉매의 역할을 담당하게 됐고, 이것이 불완전한 무기 또는 유기촉매를 대신하게 됐던 것이다.

'진화하는 계의 출발형태'는 완전한 종속영양의 형태였다. 즉 주위의 매질에서 복잡한 성분을 그대로 받아들였고, 그 이후의 진화는 외계에 대한 의존도를 감소할 수 있는 복잡한 다단계 반응의 과정이 계 내에 성립되는 방향으로 발달했다. 중합반응만을 할 수 있는 코아세르베이트 액적은 고에너지 인산화합물을 포함한 매질에서만 보존되고 성장할 수 있다. 그것이 산화환원반응과 공액반응을 획득함으로써 액적은 고에너지 화합물을 합성할 수 있게 되고 특수하지 않은 매질에서도 증식이 가능하게 된다. 이처럼 계가 산화환원, 공액인산화, 중합의 세 가지 반응을 할 수 있게 되면 이들 반응을 촉진, 조절하기 위해 주위에서 반응 원료와 촉매만을 흡수하면 된다. 더욱 계 내에서 매질 중의 간단한 성분을 흡수해 효율이 높은 조효소를 합성할 수 있는 능력을 획득한 일은 본질적인 발전이다. 그러기 위해서 필요한 반응은 위의 세 가지 반응과 연결돼 원시생물의 대사계는 점차 완전한 방향을 취하게 됐다. 이러한 개방된 계의 진화는 반응의 수를 증가시키고 그로써 연결된 연쇄를 연장하며 연쇄를 분지시키고, 나아가서는 연속해 순환하는 회로를 형성하는 방향으로도 발달했다.

다음으로 폴리펩티드 사슬을 형성하는 아미노산 잔기의 정확한 순서와 공간적 배치의 확립이 있었다. 즉 단백질 분자의 구조가 일정하게 유지되려면 더욱 복잡한 메커니즘이 필요하게 된다. 효소작용은 그 분자 내의 활성중심으로서 결정되는데 이곳은 단백질 분자 내의 지극히 작은 부분이고 효소 단백질의 나머지 부분은 일정한 기질하고만 결합할 수 있는 특이성[67]을 결정하는 공간배치를 하고 있다. 이러한 일은 폴리누클레오티드의 성립이 필요하다. 즉 본질적으로 새로운 공간적 모형기구의 출현이 있어야 하는데 그 역할을 하는 것이 핵산(폴리누클레오티드)의 단기서열로써 결정되기 때문이다. 더욱 폴리누클레오티드는 염기끼리 수소결합[68]을 해 이중나선을 이루

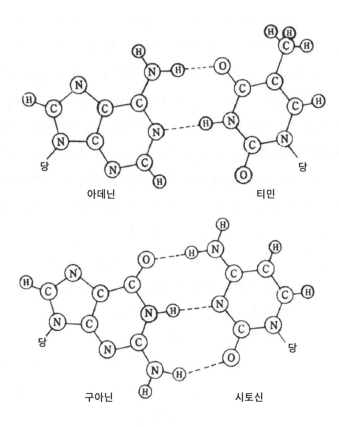

아데닌   티민

구아닌   시토신

[그림 3] DNA 염기 간의 수소결합(점선)

고 있다.[69] 즉 4종류의 염기를 포함하고 있는 폴리누클레오티드 사슬은 상보적으로 상대되는 또 하나의 폴리누클레오티드 사슬의 염기서열을 결정한다.

이러한 현상은 자연발생적, 비효소적으로 합성이 이루어졌어야 할 것이다. 우리딘1 인산(uridine monophosphate)이

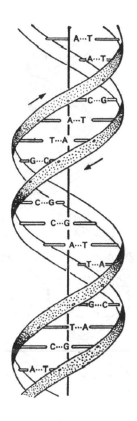

[그림 4] DNA 분자의 이중나선 구조의 모델
A 아데닌　T 티민　G 구아닌　C 시토신

중합할 때, 폴리우리딜산의 합성은 그와 상보적인 폴리아데닐
산의 존재 하에서 대단히 빨라지고 또한 폴리아데닐산의 중
합은 폴리 우리딜산의 존재 하에서 촉진된다.[70] 최근의 연구로
유전자, 즉 DNA 사슬의 염기서열에 따라서 단백질 구성의 아
미노산 서열이 결정된다는 사실이 밝혀졌다.[71]

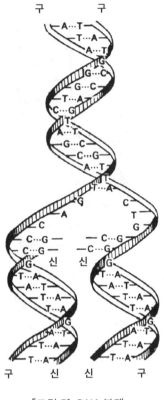

[그림 5] DNA 복제

즉, DNA의 이중나선은 핵분열 때 풀어지고 이들은 각각 단위성분을 모아서 이중나선을 형성함으로써 자기재생산을 해 고유의 모노누클레오티드 배열을 DNA 사슬 내에 보존할 뿐 아니라 상보적 mRNA[72]를 만들어서 세포질로 내보낸다.

리보솜(ribosome)은 단백질 합성의 자리로서 DNA의 염기서열에 따라 복제된 mRNA의 염기서열은 DNA에 의해서

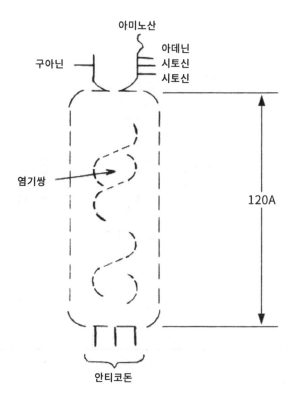

[그림 6] 한 개의 tRNA가 아미노산과 결합한 모형
(분자량은 25,000, 약 80개의 누클레오티드)

결정된 것이다. 따라서 약 20종의 아미노산이 각각 특이적으
로 tRNA와 결합하는데, 3개의 염기가 특이적[73]인 tRNA의 안
티코돈(anticodon)은 역시 이와 상보적인 mRNA의 코돈(co-
don)과 결합하게 된다. 이런 일이 리보솜에서 이루어진다. 리
보솜은 mRNA 위를 이동한다. 안티코돈은 순차적으로 코돈과

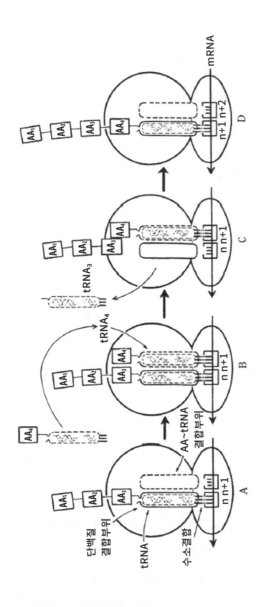

[그림 7] 폴리펩티드의 단계적 성장

합성중인 폴리펩티드 사슬은 맡단 tRNA의 펩티드 결합부위에 부착해 있다(A). AA~tRNA분자는 mRNA의 (n+1)코돈과 수소결합으로써 부착한다(B). AA$_3$과 AA$_4$ 사이에 펩티드 결합이 형성되고 tRNA$_3$은 떨어져 나간다(C).

단백질 합성 중에 있는 폴리펩티드 사슬은 AA~tRNA 결합부로부터 단백질 결합부위로 이동한다.

동시에 mRNA도 (n+2)코돈이 (n+1)코돈이 있던 자리로 이동한다(D). AA: 아미노산, tRNA$_3$은 AA$_3$ 과 결합하는 분자.

결합한 다음 아미노산만이 떨어져 펩티드결합을 하고 tRNA는 자유롭게 유리된다. 따라서 합성된 단백질의 아미노산 서열은 결국 DNA의 단기서열로써 결정된 셈이고 이로써 유전현상의 분자론적 설명이 가능하게 된다.

이처럼 DNA의 유전정보에 따라서 어김없이 진행되는 단백질 합성 과정은 복잡하고도 미묘하며 그릇됨이 없다. 물론 화학반응 하나하나에는 제각기의 효소가 그 일을 맡아보고 있고 에너지는 ATP에 의해 주어진다. 이처럼 현존 생물의 복잡하면서도 완전한 단백질 합성기구는 그것에 선행하는 계의 장구(長久)한 진화결과로 얻어진 것이다.

선행하는 계에서는, 계 내에서 일어나는 대사반응의 조화와 외계와의 상호작용으로써 동적 안정성을 얻고 있었다. 공간적인 '분자상 주형'은 기능합리화의 축적으로 고차원의 방향을 취해, 정확하게 대를 계속하는 자기재생산과 여러 화학과정의 조화계를 이루고 그 동적 성격을 보존할 수 있게 됐다. 리치(A. Rich)[74]는 이러한 기구의 진화를 분자수준에서 설명하고 있다. 즉 아무런 통일적인 계가 없는 단순한 용액 내에서 자연도태에 의해 폴리누클레오티드와 폴리펩티드의 분자 내 구조가 점점 복잡화되고 조정되는 과정으로 본다. 첫째로 구조적으로 조정되지 않은 폴리누클레오티드와 폴리펩티드의 상호작용이 우선 개개의 다분자계(코아세르베이트와 원시생물)를 형성토록 했을 것이고, 다음으로 자연도태를 받은 것은 개개의 분자구조뿐 아니라 개개의 동적 계로서 외계조건에 있어서 계의 보존과 발전을 위한 원시적 대사의 적합 여부였다고 생각한다.

진화의 초기단계에 있어서 누클레오티드 단량체는 단백성 촉매의 작용을 받지 않고 비생물적 방법으로 결합해 무질서한 폴리누클레오티드 사슬을 만들었다. 리치는 A-T 공중합체를 프라이머(primer, 시동물질)없이 합성한 콘버그(A. Kornberg)의 보고[75]와 그런 중합체를 현존 생물에서 분리했다는 보고[76]에 기초를 두고 최초의 폴리누클레오티드는 현재의 핵산에 비해 대단히 단조로웠을 것이라 추정하고 있다. 즉 최초의 폴리누클레오티드는 비생물적 조건에서도 쉽게 얻을 수 있는 두 종류의 상보적 염기, 즉 아데닌-티민만을 포함하고 있었을지도 모른다. 동시에 폴리펩티드도 폴리누클레오티드에 의존하지 않고 별도의 방법으로 비생물적 합성이 이루어졌고 아미노산도 무질서하게 연결돼 있었을지 모른다. 당시의 아미노산도 현재의 단백질을 구성하고 있는 약 20종류 모두가 자외선이나 대기 중의 방전작용으로써 비생물적으로 생성됐으리라고는 생각할 수 없다. 한편 오파린 등은 지극히 원시적이고 단조로우며 무질서한 구조를 가진 아미노산과 모노누클레오티드의 중합체가 공통용액 내에서 동시에 합성될 때에는, 일정한 크기에 도달하면 반드시 결합해서 코아세르베이트로 돼 용액에서 분리함을 관찰했다. 이들 계의 형성으로써 더욱 중합이 촉진되는데 액적 내에서 원시적인 펩티드와 누클레오티드의 중합은 완전히 독립적으로 이뤄졌다. 초기의 중합과정은 이렇게 촉진됐지만 그 후는 액적 내에 출현한 공액 에너지 반응이 이를 지배했다.

다음 단계는, 점차로 복잡화된 여러 중합체 분자의 상호 작용이 의의를 갖게 됐었다. 현존 생물 중에도 리보솜이나 주형장치의 개재없이 간단한 폴리펩티드와 특수한 단백질을 합성하는 것이 있는데 이 때는 누클레오시드가 관여한다. 즉, 어떤 미생물에서는 다음의 과정으로 펩티드 합성 메커니즘이 확립되고 있다.

누클레오시드-3-인산+아미노산
$$\longrightarrow 누클레오시드-2-인산+펩티드+인산$$

이때 누클레오시드-3-인산(ATP, GTP, CTP, UTP)[77]의 각각에 대해서 활성화될 수 있는 일정한 아미노산이 각기 존재한다. 따라서 합성되는 폴리펩티드의 구조는 어느 정도 반응에 참가하는 누클레오시드-3-인산의 본성에 의해 결정된다. 원시생물과 같은 계에 있어서 중합체 형성에 참여하는 누클레오시드가 그 구성요소로서 리보스를 포함하고 있기 때문에 3'와 5'의 수산기는 중합과정에 이용되지만 2'의 기는 유리돼 있어서 에스테르 결합으로 아미노산과 결합할 수 있다.[78] 이 단계에서 주형에 따르는 합성계가 형성되기 시작했고 핵산 분자의 중합이 아미노산을 일정한 순서로 배열토록 하는 관계가 맺어진다.

그러나 원시적인 전생물계에 있어서는 도태를 거듭하는 사이에 촉매로서 유효한 아미노산 중합체, 즉 폴리펩티드 합성의 불변성을 공간적으로 확보하기에 이르렀고, 폴리펩티드와 폴리누클레오티드의 점차적 복잡화와 사슬의 신장과 사슬 내에서의 단위체의 배치에서 질서를 확립하는 방향으로 진행했다. 이리하여 진화한 전 생물계로부터 원시생물계에 이르면서 완성에로 적합해 갔고 효소의 발생도 상반됐다. 제3의 생명완성기에는 극도로 분화해 DNA는 리보스의 2' 위치에서 산소를 잃고 데옥시리보스(deoxyribose)로 돼 아미노산과의 결합이 일어나지 않게 되고 오로지 높은 안정성을 갖고 자기재생산의 역할만을 하게 됐으며 그 유전정보를 복제의 과정으로 mRNA에 전달하는 일을 보장하게 된다. 그러나 현존 바이러스의 경우 RNA가 유전정보를 간직한 것이 있는 것으로 보아 이러한 일이 절대적인 것은 못 된다. DNA의 자기재생산과 RNA의 단백질 합성에로의 분화는 진화과정에 있어 현저한 발전이고 자연도태로서 고정된 일이다.

지금까지의 여러 과정이 각각 하나하나의 효소 반응과 결합하고 있는데, 이러한 과정은 진화의 여러 단계에 있는 현존 생물의 공간적 거대구조의 점차적 형성과 관련이 있다. 이러한 시간적, 공간적인 대사 원리의 바탕은 자연도태 과정에서 이미 원시생물 단계에서 형성됐던 것이기 때문에 현존 생물이 공통적으로 지니고 있는 것이다.

생명기원이 시작됐던 때를 정확하게 판정할 수도 없고 직접적인 증거도 없다. 초기 용액 내에서의 생명형성과 화석으로 확인할 수 있는 원시생물 사이에는, 막대한 시간이 가로놓

여겨 있다. 그 사이에 물질대사, 분자, 초분자구조의 점차적 완성의 요원한 시간이 있었다. 생명 역사의 시간축에서 볼 때 이러한 물질적 진화에서 그 반응속도를 증대하는 방향을 취했고, 유기물의 비생물적 진화에 수십억 년을 소요했지만 생명이 발생하면서 그 발전 속도는 급속하게 빨라졌다. 실제로 생명기원 이후 오늘날까지 수억 년 사이에 수많은 종의 다양성을 탄생케 했고 물질대사면에서도 거의 완전하게 합목적적으로 진화했다.

시원생물의 형성으로서 전(前) 생명단계의 화학적 역사는 끝이 났을지도 모른다. 그 후의 물질 발전은 새로운 생물적 단계로 들어가고 가장 원시적인 생물로부터 현존하는 고도로 조직된 동물과 식물에 이르는 진화가 시작됐다. 그러나 생물적 진화는 생명 기원을 이해해야 되겠는데 자연에 있어서 이 과정을 직접 관찰할 수는 없다. 그것은 생명 물질의 원시적 기구나 그 후에 따르는 중간적 여러 대사환이 이미 자연도태로서 상실돼 버렸기 때문이며, 더욱 믿을 만한 화석의 흔적마저도 찾아볼 수 없다.

그러나 이러한 흔적은 현존 생물의 원형질 기구에 보존돼 있다. 따라서 원형질을 연구함으로써 지구상에 있어서의 초기 생명형태에 대한 약간의 자료를 얻을 수 있다. 그중에서 가장 뚜렷한 것은 물질대사의 연구다. 즉, 생물기구의 가장 기초를 이루고 있는 생화학적 과정의 법칙적 질서이다. 원시 대사형은 산화환원반응, 공액반응, 중합반응이 맞춰진 것이었고 이들 반응은 시원생물에 고유한 것이었다. 생물 진화과정에서 이들 반응에 새로운 여러 대사환이 결합되고 이들 대사환에 관여하는 새로운 화학적 진화가 이뤄졌다. 즉 촉매, 조효소, 폴리누클레오티드, 효소, 초분자구조 등으로서 보완돼 갔던 것이다. 새로 출현하는 생물은 생명에 불가결한 물질과 에너지원을 점점 넓혀갈 뿐 아니라 완전한 이용의 방향을 취하게 됐으며, 주위의 매질 성분에 대한 의존도를 적게 해 그 성분의 변화에 대해서 절감의 위험을 면할 수 있게 됐다.

비교생화학적 연구는 진화과정에서 생긴 새로운 생화학 반응과 그들의 화학적 연결은 선행하는 대사환을 완전하게 바꾼 것이 아니고 다만 그것을 보완함으로써 이전에 있었던 대사형태에 부가적 증설을 했음을 암시한다. 따라서 현존하는 생물의 대사계의 다양성 중에서 예외 없이 보편적인 유사성이나 기구의 특징을 발견할 수 있다. 예를 들어 초기 생물에서는 혐기적 대사경로로서 해당과정이 어느 생물에서나 존재한다. 지구의 조건이 달라져서 산소가 풍부해짐에 따라서 TCA 회로가 이에 부가됐고 아세틸 조효소A를 중심으로 하는 대사 풀(metabolic pool)이 성립되면서 지방산의 산화도 이에 부가될 수 있고, 또한 아미노산의 산화과정까지 연결된다. 글리세롤은 해당과정의 중간으로 들어가서 같은 경로로 산화될 수 있게 된다. 즉 여러 가지 호흡 기구는 혐기적 해당의 공통적 경로에 부가되면서 진화했다.

세포기관의 형성과 더욱 나아가서 세포가 생성되기 위해

서는 방대한 시간과 세포 전 생명체의 수없이 많은 교대가 있었을 것이다. 생명발전의 과정 중, 원시적인 세포형태를 갖추기까지는 지구상에 생명이 존재한 시간에서 절반이 소요됐다.

---

1 Wöhler, F., *Ann. Phys. u. Chem*(1828), 12, 253.

2 자연발생은 '동류생물로부터 생식에 의한 탄생 이외에 생명이 없는 물질로부터 직접 생물이 발생한다.'라는 생각이다. 즉 '양친에 의하지 않는 생식'을 뜻하는데 나중에는 신비사상과 결합되기도 했다.

3 Lippman, E., *Urzeugung und Lebenskraft*(1933), Springer, Berlin.

4 아리스토텔레스 《동물의 발생에 관하여》(*De generatione animalium*).

5 '질료(hyle)는 소재를 뜻하고 형상(eidos)은 능동적 장소이다. 질료와 형상이 결합함으로써 〈존재〉(구상물)가 형성되는데 생물에서 형상은 엔텔레키(entelekheia, entelechy, 즉 영혼)이다. 따라서 영혼이 생물체를 형성하고 몸을 움직이도록 한다.'는 생각이다.

6 그리스 사람, 라틴 이름은 Claudius Ptolemaeus, 천문학자, 지리학자. 주요 저서 《천문학 대전》(*Megalē Syntaxis Tēs Astronomias*)은 아랍어로 번역돼 *Almagest*라 한다. 지구중심설에 입각한 우주체계의 수학적 성과이며, 중세 우주관의 전거가 됐다. 광학과 음악 연구도 있다.
   프톨레마이오스의 우주체계는 150년경 발표한 지구중심설에 의한 우주구조의 모형으로 지구는 구형이고 우주 중심에 정지하고 있으며 행성은 각각 작은 원(周轉圓)의 위를 돌고 있으나 그 원의 중심은 다시 지구를 중심으로 하는 커다란 원의 위를 돈다는 설이다. 이때의 반지름은 행성에 따라서 다르다고 했다. 즉 모든 천체는 지구를 중심으로 해 회전한다는 설이 그의 '지구중심설'이다.

7 《곤충의 발생에 관한 실험》(Esperienze intorno alla generazione degl'insetti, 1668).

8 Arcana naturea detecta(1695), Delphis Batavorum.

9 《단자론》(Monadologie, 1840)

10 Nordenskiold, E., Die Geschichte der Biologie(1926), Fischer, Jena.

11 An Account of Some New Microscopical Discoveries(1745), London.

12 Saggio di osservzioni microscopiche concernenti il systema della generazione dei sig. di Needham e Buffon(1765), Modena. (니덤과 뷔퐁의 학설을 반박했다), Opuscoli di fisica animale e vegetabile(1776), Modena(과학소론).

13 Nouvelles recherches sur les découvertes microscopiques, etc.

14 L'art de conserver pendant plusieurs années toutes les substances animales et vegétalés(1810), Paris.

15 Schwann, T., Vorläufige Mitteilung betreffend Versueche über Weingährung und Fäulniss(1837). Annalen der Physik u. Chemie, XLI.

16 Vorläufige Mitteilung der Resultate einer experimentellen Beobachtung über Generatio aequivoca(1836), Annalen der Physik u. Chemie, XXXIX.

17 Über Filtration der Luft in Beziehung auf Fäulniss und Gährung(1854), Annalen der Chemie u. Pharmacie, LXXXIX.

18 Hétérogénie, ou traité de la génération spontanée(1859), Paris. 1858년 12월에 이미 자연발생을 증명하는 실험적 연구의 보고서를 아

114

카데미에 제출했었다.

19 《자연발생설의 검토》, 원제는 《대기중에 존재하는 유기체성 미립자에 관한 보고서. 자연발생설의 검토》(*Mémoire sur les corpuscules organisés qui existent dans l'atmosphére. Examen de la doctrine des générations spontanées*, 1861).

20 세균 중에는 환경조건이 불리할 때 '아포'를 형성해 휴면 상태로 들어 가는 것이 있다. 이것은 일반적으로 열이나 약품에 대한 내성이 강하 다. 주위의 환경이 양호하면 발아해 발육형(vegetative form)의 세균 으로 돌아가서 분열, 증식한다. 파스퇴르는 이를 120°C의 열처리를 하 든가 두 번을 계속해서 끓이면 죽어버리기 때문에 미생물의 자연발생 과는 관계가 없다는 것도 증명했다.

21 Richter, H., *Schmidt's Jhrb. Ges. Med.*, 126, 243(1865); 148, 57(1870).

22 *Über die Entstekung des Planetensystems*(1884), Vorträge und Reden, Braunschweig.

23 Lipman, Ch., Am *Mus. Novit*(1932), 588, 1.

24 Haeckel, E. H., *Generelle Morphologie der Organismen*(1866).

25 Lamarck, J. B. P. A. de Monet, 《인간의 긍정적인 지식의 분석체 계》(*Systéme analytyque des connaissances positives de l'homme, etc.*, 1820).

26 오파린의 저서에는 《생명의 기원》(1936), 《지구상의 생명의 기원》 (1957), 《생명 ─ 그 본질, 기원, 발전》(1960), 《생명의 기원 ─ 생명의 생성과 초기의 발전》(1966) 등이 있다.

27 *The Origin of Life*(1929), *The Inequality of Man*(1932), Chatto and Wind us, London. *Science and Human Life*(1933), New York and London.

28 《행성, 그 생성과 발전》(*The Planets, Their Origin and Development*, 1952), Yale Univ. Press, New Haven.

29 《생명의 물리적 기초》(*The Physical Basis of Life*, 1951), Routledge and Kegan Paul, Ltd., London.

30 Science, 117, 528(1953).

31 *The Origin of Prebiological Systems*(1965), ed. by S. Fox, Academic Press, New York and London.

32 Rogers, C. G., *Textbook of Comparative Physiology*(1938).
Prosser, C. L., D. W. Bishop, F. A. Brown, Jr., T. L. Jahn and V. J. Wulff, C*omparative Animal Physiology*(1952), 1st ed. W. B. Saunders Co., Philadelphia, London, 2nd ed. by Prosser, C. L. and F. A. Brown. Jr.(1961).
Sheer, B. T., *Comparative Physiology*(1957).

33 ① Florkin, M., *L'Evolution biochimique*(1944), Masson, Paris, Trans. by Morgulis, S., Biochemical *Evolution*(1949), Academic Press, N. Y., *Unity and Diversity in Biochemistry*(1960), Pergamon Press, London, *Aspects moléculaires de l'adaptation et de la phylogénie*(1966), Masson, Paris, *A Molecular Approach to Phylogeny*(1966), Elsevier Publishing Co., Amsterdam, *Biochemical Evolution and the Origin of Life*(1971), Molecular Evolution II, North- Holland.
② Florkin, M. and E. Schoffeniels, *Molecular Approach to Ecology*(1969), Academic Press, New York and London.
③ Florkin, M. and H. S. Mason Ed., *Comparative Biochemistry*(1960~1964), Vol. I~VII, Academic Press, New York and London.

34 오파린, 《생명－그 본질, 기원, 발전》(1960), 《생명의 기원－생명의 생성과 초기의 발전》(1966).

35 *The Physical Basis of Life*(1951), Routledge and Kegan Paul Ltd., London.

36 녹색식물처럼 무기물질을 원료로 해 유기물질을 합성해서 영양물질로
   이용하는 생물을 자가영양생물(autotrophic organism)이라 하고,
   이렇게 해서 만들어진 유기물질을 그대로 섭취해 영양물질로 이용하는
   생물을 타가영양생물(heterotrophic organism)이라고 한다. 대부분
   의 동물이 이에 속한다.

37 토성의 제6위성.

38 *The Planets, Their Origin aud Development*(1952), Yale Univ.
   Press, New Haven.

39 마다가스카르섬에서 있었던 일로서 지구의 가장 깊은 곳에서 분출됐다
   고 생각되는 광석에 철, 니켈과 그 탄화물이 포함돼 있었다.

40 오파린,《지구상의 생명의 기원》(1957).

41 Miller, S. and H. Urey, *Science*(1959), 130, 245,

42 *The Origin of Prebiological Systems*(1965), ed. by S. Fox, Aca-
   demic Press.
   ① 폴리펩티드(Polypeptide)는 여러 아미노산이 분자결합한 것이다.
   ② 리보스(ribose), 데옥시리보스(deoxyribose), 푸린(purine)과
   피리미딘(pyrimidine)염기는 핵산의 단위물질이고, 누클레오시드
   (nucleoside)는 염기와 5탄당이 결합한 상태이며, 누클레오시드인산
   은 누클레오시드에 인산이 결합한 것으로 누클레오티드(nucleotide)
   라 한다. 이것이 수많이 결합한 것이 핵산(nucleic acid), 즉 폴리누클
   레오티드(polynucleotide)이다.
   ③ 포르피린(porphyrin) 화합물로 대표적인 것은 혈색소(hemoglo-
   bin), 엽록소, 시토크롬(cytochrome) 등이 있다.

43 *Science*(1953), 117, 528, J. Amer. Chem. Soc.(1955), 77,
   2351, *Biochem. Biophis. Acta*(1957), 23, 480.

44 이 중 카르노신(carnosine)은 디펩티드(dipeptide)인 베타-알라닐-
   L-히스티딘(β-alanyl-L-histidine)이다.

45 아카호리 시로(赤掘四郎),《과학》(1955), 25, 54.

46　　　
$$\langle\text{benzene ring}\rangle\!-\!CHO$$ 　　벤즈알데히드

$$\langle\text{benzene ring}\rangle\!-\!\underset{\underset{\text{메틸렌기}}{\uparrow}}{CH_2}\!-\!\underset{\underset{NH_2}{|}}{CH}\!-\!COOH$$ 　페닐알라닌

47　아미노산의 일반식은 다음과 같다.

$$\underset{\underset{R}{|}}{H\!-\!N\!-\!\overset{\overset{H}{|}}{C}\!-\!\overset{\overset{O}{\|}}{C}\!-\!OH}$$

즉 R의 차이로 자연계에 약 20종류 있는데 반드시 $-NH_2$와 $-COOH$를 갖고 있는 것이 특색이다.

펩티드 결합(peptide linkage): 2개의 아미노산이 결합할 때 $-COOH$와 $-NH_2$ 사이에서 물이 빠져나오면서 $-CO-NH-$의 결합이 생기는데 이것이 펩티드 결합이다. 마찬가지 방법으로 수많은 아미노산이 결합하면 폴리펩티드(polypeptide)가 되고 100개 이상의 아미노산이 결합했을 때 단백질이라고 한다.

펩티드결힙

$$\underset{\underset{R_1}{|}}{H\!-\!N\!-\!C\!-\!C\!-\!OH} + \underset{\underset{R_2}{|}}{H\!-\!N\!-\!C\!-\!C\!-\!OH} \rightarrow \underset{\underset{R_1}{|}\quad\underset{R_2}{|}}{H\!-\!N\!-\!C\!-\!C\!-\!N\!-\!C\!-\!C\!-\!OH} + H_2O$$

아미노산1　　　아미노산2　　　　디펩티드　　　　　물

48　Fox, S., K. Harada and A. Vegotsky, Experiential(1959), 15, 81. 다량의 아스파르트산과 글루탐산의 존재 하에서 150℃~180℃ 의 온도에 두면 18종의 아미노산이 자발적으로 축합해 분자량 3,000~9,000의 폴리펩티드를 생성한다.

49　Schwartz, A., E. Bradley and S. Fox, *Origin of Prebiological System*(1965), Academic Press.

50　Ponnamperma, C., C. Sagan and R. Mariner, *Nature*(1963), 199, 222

생물적 에너지는 주로 ATP(adenosine triphosphate)에서 인산기 하나가 떨어질 때의 에너지를 쓰고 있다. 즉 ATP→ADP+Pi의 반응에 의하는데, 따라서 호흡 과정에서는 ATP의 합성이 일어난다.

51　오파린, 《생명의 기원 — 생명의 생성과 초기의 발전》(1966).

52　Bernal, J. D., *The Physical Basis of Life*(1951), Routledge and Kegan Paul Ltd., London.

53　Bungenberg de Jong, H., *La coacervation*(1936), Hérmann, Paris

54　오파린은 '정상성'이란 말을 쓰고 있으나 칼슨(P. Karlson, *Biochemie*, 1962, 3판)이 사용한 '동적 평형계'(dynamic equilibrium)가 보다 타당한 용어이다. 즉, '한 계에서 반응물질은 안으로, 생성물질은 밖으로 쉴새 없이 드나들면서도 전체로써 균형이 잡혀 있는 상태'이다.

55　오파린, 《생명 — 그 본질, 기원, 제전》(1960).

56　Hinshelwood, C., *The Chemical Kinetics of the Bacterial Cell*(1947), Clarendon Press, Oxford.

57　이것은 액적 내로 들어간 G-1-P로부터 녹말이 합성된 것을 확인한 것이며, 이때 효소로서 포스포릴라아제가 반응을 촉매한다. 요오드는 녹말을 보랏빛으로 만든다.

58　녹말을 가수분해해 2당류의 일종인 엿당으로 하는 효소의 하나이다.

59　NAD: nicotineamide-adenine-dinucleotide의 약호로서 산화환원효소의 조효소이다. 산화형은 NAD, 환원형은 NAD·H2이다.

60　염기적 조건에서도 일어날 수 있다.

61　Bernal, J. D., *The Physical Basis of Life*(1951), Routledge and Kegan Paul Ltd., London.

62　핵산(nucleic acid)은 mononucleotide가 중합한 폴리누클레오티드(polynucleotide)인데 이것은 RNA(ribonucleic acid)와 DNA(deoxyribonucleic acid)의 두 종류가 있다. 유전자는 DNA임이 밝혀졌고, DNA의 복제는 유전현상, 즉 자기재생산의 기초를 이룬다.

63 오늘날 자연도태는 생물학에만 적용되는 법칙이기 때문에 원시생물과 같이 가정된 비생물에는 적용될 수 없다. 그러나 생명발생의 출발계로서 원시생물이 가정됐다면 그것은 물리·화학적 법칙의 작용을 받으면서 동시에 전생물적 자연도태도 작용해 진화했다고 생각해도 무방할 것이다.

64 HC-CH   4개의 피롤(pyrrol)이 =CH-(methylene bridge)로
    ‖   ‖   써 연결된 구조가 포르피린(porphyrin)계이다. 이 포
    HC-CH   르피린계 물질로서 중요한 것은 산소를 운반하는 헤
     N   모글로빈(hemoglobin), 엽록소(chlorophyll) 등이
     H   있고 호흡에 관여하는 효소로 페르옥시다아제(per-
     피롤

oxidase), 카탈라아제(catalase), 산화효소(oxygenase) 등이 있고, 전자전달에 관계하는 시토크롬(cytochrome) 등이 있다. 이 구조는 진화의 초기에 형성된 것이라고 생각된다. 그 이유로는 생물계에 널리 분포돼 있을 뿐 아니라 하등인 원생동물(짚신벌레=Paramecium)이나 콩과식물과 공생하는 뿌리혹 세균에도 분포하고 있기 때문이다.

65 Langenbeck, W., "Die Organischen Katalysatoren und ihre Beziehungen zu den Fermenten"(1953), 2 Aufl., Springer, Berlin; *Advan. in Enzyme*, 14, 163.

66 효소(enzyme)는 아미노산의 중합만으로 돼 있는 단순단백질(simple protein)과 이러한 단순단백질(담체, carrier)에 비단백성분(보결분자단, prosthetic group)이 결합한 복합단백질(conjugated protein)의 두 가지가 있다. 효소가 복합단백질인 경우, 담체를 아포효소(apoenzyme), 보결분자단을 조효소(coenzyme)라 하는데 효소가 촉매작용을 하려면 아포효소-조효소의 결합이 일어나야 하며 이 결합된 복합단백질을 홀로효소(holoenzyme)라 한다. 따라서 실질적인 촉매작용은 이 홀로효소—기질의 복합체가 형성된 다음에 일어난다. 조효소는 몇 가지밖에 없으나 아포효소는 그 종류가 대단히 많다.

67 원칙적으로 한 가지 종류의 효소는 한 가지 화학반응만을 촉매한다. 즉

'자물쇠와 열쇠의 관계'(Lock and key theory, E. Fischer에 의함)에 있다. 기질이 같더라도 효소가 다르면 작용이 달라질 때 '작용특이성' 이라 한다. 한 종류의 아미노산에 카르복시 이탈효소가 작용하면 CO_2 의 유리가 일어나고 아미노기 전달효소가 작용하면 아미노기를 다른 분자에 전달한다. 한편 어느 효소가 특정한 기질과 결합할 때 '기질특이성'이라 한다. 즉 말타아제는 엿당과 결합해 엿당을 2분자의 포도당으로 가수분해한다.

68 DNA는 아데닌(adenine, A), 구아닌(guanine, G), 티민(thymine, T), 시토신(cytosine, C)의 네 가지 염기가 있으며 A–T, G–C의 수소결합을 한다. RNA는 티민 대신에 우라실(uracil, U)이 있으나 이중나선을 이루지 않고 부분적인 결합으로 루프를 형성하는 수가 있다.

69 Watson, J. and F. Crick, *Nature*(1960), 131, 1503.

70 우리딘–5′–인산
    (우리딘–1–4–인산)

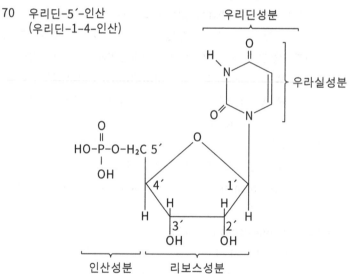

우리실(uracil)과 리보스(ribose)가 결합한 누클레오시드(nucleoside)를 우리딘(uridine)이라 하고 리보스 성분의 5번 탄소에 인산기가 결합한 것이 우리딘–5′–인산, 즉 우리딘–1–인산(uridine monophosphate)이다. 이것은 누클레오티드(nucleotide)의 하나로서, 이 단위만이 중합된 핵산이 폴리우리딜산(polyuridilic acid)이다. 염기로 아데닌(adenine)을 가진 누클레오티드가 아데닐산, 즉 아데닌-1-인산이고 이 단위만이 중합한 것이 폴리아데닐산이다. RNA에서는 티민 대신에 아데닌-우라실이 상보적이다.

71 ① J. 왓슨 저, 하두봉 역, 《이중나선》(1973), 현대과학신서 8, 전파과학사.

② Watson, J. D., *Molecular Biology of the Gene*(1970). 2nd Ed., W. A. Benjamin Inc., N. Y.

72 RNA(리보핵산, ribonucleic acid)는 리보누클레오티드의 중합체. mRNA는 메신저 RNA(messenger RNA)로서 분자량(molecular weight M. W.) 20만~50만의 큰 분자로 리보솜과 결합하고 있고, 이는 단백질 합성 때 주형(template)으로 작용하기 때문에 '자모형 RNA'라고도 한다. sRNA는 약 20종류 가량이 있어서 각각 일정한 아미노산과 결합한다. 분자량이 적어서 '용해성 RNA'(soluble RNA)란 뜻인데 M. W.가 2만~4만 정도이고 tRNA(transfer RNA)라고도 한다. 또 하나의 RNA로 리보솜 속에 있는 M. W. 200만 내외의 rRNA(리보솜 RNA, ribosomal RNA)가 있다.

73 mRNA의 코돈이 UUU의 트리플렛(triplet, 3개의 염기 맞춤)으로 돼 있으면 tRNA의 안티코돈은 AAA이고 이 tRNA에 결합한 아미노산은 페닐알라닌(phenylalanine, Phe)이다. A-U, A-T, G-C는 상보적이다.

74 *Horizons in Biochemistry*(1962).

75 *Sience*(1960), 131, 1503.

76 Sueoka, N., *J. Mol. Biol.* (1961), 3, 31.

77 ATP(adenosine triphosphate), GTP(guanosine triphosphate), CTP(cytidine triphosphate), UTP(uridine triphosphate): 누클레오시드(nucleoside, 펜토스+염기)의 염기 성분이 각각 아데닌, 구

아닌, 시토신, 우라실이고, 어느 경우든지 이에 3개의 인산기가 결합된 것이다.

78 리보스(ribose)의 3′와 5′ 위치에서는 각각 인산기를 사이에 두고 다른 리보스와 연결돼 누클레오티드 중합체를 형성하나 2′ 위치에서는 –OH가 유리돼 있어 이곳에서 아미노산과 에스테르(ester) 결합을 한다.

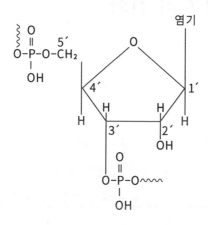

3

생물의 진화

고대로부터 전해졌던 잡다한 진화사상이 라마르크에 의해 정리돼 《동물철학》으로써 진화학설이 성립됐다. 이것은 다윈의 《종의 기원》으로써 진화론으로 확립돼 오늘날에 이르기까지 위의 양대 이론을 뒷받침하는 수많은 증거가 제시되고 있다. 이는 진화를 사실로 받아들여 거부할 수 없는 진실된 과학으로 인정받게 됐고 생명과학에 속한 모든 분과 학문의 밑바탕을 형성하고 있다. 그러나 진화의 메커니즘은 아직도 분명하게 밝혀지지 않고 있다. 즉, 신종의 형성기구를 규명하기 위한 노력이 집중되고 있으나 지극히 짧은 인류의 진화학적 시간과 더욱 짧은 인류 문명의 한계 내에서, 인간의 지혜로 이를 해결하기는 힘에 겨운 일이다. 이에 따라 실증적 증거에 더불어 사변적 차원이 요청되기도 한다.

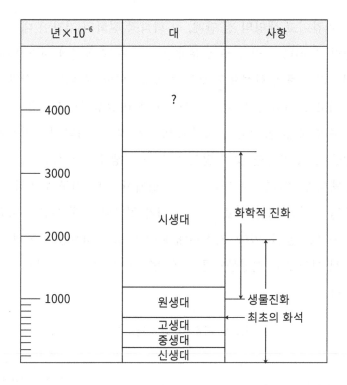

년×10⁻⁶	대	사항
—— 4000	?	
—— 3000	시생대	화학적 진화
—— 2000		
—— 1000	원생대	생물진화
	고생대	최초의 화석
	중생대	
	신생대	

[Anfinsen, C. B., 《*The Molecular Basis of Evolution*》(1959)에서]

[그림 8] 지구의 척도

1. 시간의 척도와 진화

지각의 암석층에 존재하는 수명이 긴 방사성 동위원소는 그 붕괴시간을 측정하면 각 지층의 연령을 알 수 있다.[1] 그곳에서 화석화[2]한 생물의 유적을 일정한 순서로 배열하면 진화 경로를 편성할 수 있다. 지구 역사에서 생명의 역사는 비교적 짧은 기간이고 생명의 전 단계, 즉 화학적 진화의 기간이 대단히 길다. 그러나 우리가 주로 문제삼는 것은 '원형질적 시간'이다. 최초의 생물이 화석으로 보존돼 있을 가능성은 대단히 희박한 것이고 그러한 것은 비교생리학이나 비교생화학적으로 추측할 수밖에 없다. 오늘날 지구의 역사와 지질시대의 생물변천과정을 표로 작성한 것이 많고 이로써 고생물학적 시간을 보다 명백하게 이해할 수 있다. [그림 8]에서 보면 지구의 역사 중 생명 역사는 대단히 짧고 그 전 계가 얼마나 오랜 시간이 소요됐는가를 알 수 있다. 지질시대에 따른 생명 역사를 화석에 의해서 찾아보고 전생물계를 지각 변동과 대조해 보면 [표 1]과 같다.

[표 1] 지질시대와 생명의 역사

대(代)	기(紀)	주유생물기	연(年) (단위 100만 년 전)
신생대 이전		지구 발달의 전(前) 지질시대 – 우주물질의 농축에 의한 행성의 형성, 일차적 대기의 상실	3,500<
	미구분	지각 내에서의 화학과정, 대규모의 화산작용과 심성작용, 2차적 대기의 수증기 응결에 의한 지표 상의 수분 형성 시작, 대기 중의 수증기에 대한 우주선의 작용에 의한 미량의 산소 발생, 전생물질의 전반적인 환원적 성격	3,500 ~2,700

시생대	미구분	바이러스와 비슷한 생물, 광물질을 산화하는 세균, 토양세균의 출현, 조류(藻類)의 발생, 일차적 탄소화합물의 화학적인 변화, 지각의 무기물 변화에 있어서의 화학반응의 우월	2,700 ~1,900
원생대	미구분	단세포 조류, 철세균, 기타 세균	1,900~1,500
		단세포 조류의 대량발달, 철세균과 기타 세균의 발달	1,500~1,200
		단세포와 다세포 조류의 대량발달, 희귀하게 홍조와 녹조 존재, 해파리류 유생형 출현	1,200~570
고생대	캠브리아기[3]	최초의 판피류[4], 삼첩충류, 갑각류, 필석, 완족류, 원시앵무조개류 출현, 풍부한 홍조와 염조류	570~480
	오르도비스기	판피류, 갑각류 – 엽각류; 삼엽충류, 필석류, 사사산호와 상판산호, 완족류, 태충류의 초생형, 앵무조개, 다량의 조류	480~420
	실루리아기	척추동물 – 연골어류, 원시형 어류(무악류); 무척추동물 – 많은 종의 연체동물과 완족류, 절지동물 – 갑각류, 삼엽충; 필석류, 사사산호류, 해백합류의 출현; 식물 – 풍부한 남조와 홍조	420~400

고생대	데본기	최초의 육서양서류 출현, 총기류, 폐어류, 판피류;무척추동물 －사사산호류, 삼엽충류, 해백합류. 식물－이 기의 말경에 멸망한 Psilophitale에 속한 것, 석송류, 속새류. 겉씨식물의 시작, 최초의 육상식물	400~320
	석탄기	척추동물－판새어류; 무척추동물－완족류, 앵무조개류; 식물－종자양치류, 포자식물, 석송류. 많은 양서류, 최초의 파충류	320~270
	페름기 (이첩기)	양서류, 원시적 파충류; 무척추동물-완족류, 국석류, 조개(이매구)류, 태충류; 육상식물-양치류, 원시 침엽수, 은행류 등 겉씨식물	270~225
중생대	트라이아스기 (삼첩기)	최초의 포유류 출현, 경골어류, 많은 파충류-육서, 수서. 비행성; 무척추동물-해백합류, 국석류, 전석류 등	225~185
	주라기	파충류와 양서류, 폐어류의 대량발달, 소량의 포유류, 소량의 경골어류, 조초산호류, 국석류, 굴류, 곤충-나비류	185~140
	백악기	포유류, 대량의 파충류와 경골어류의 발달, 어류, 무척추동물-굴류, 전석류, 산호류, 해면류	140~70

신생대	제3기		
	팔레오세	영장류의 출현	70~60
	에오세	초기 원시적 말(Rhinoceroses), 낙타 등 출현	60~40
	올리고세	코끼리의 조상 출현	40~25
	미오세	근세 포유류의 급속한 발달	25~11
	플라이오세		11~1
	제4기		
	홀로세	인류의 진화	1~0.02
	플라이스토세	문명의 발달	0.02~

다량의 화석은 캠브리아기와 오르도비스기에서 볼 수 있는데 그것은 수서동물 기본형의 대부분과 척추동물의 붕아형(崩芽型)을 포함하고 있다. 캠브리아기 이전의 기록은 대단히 빈약해 비교적 하등인 식물, 즉 조류가 있으나, 무척추동물 문의 많은 종류가 전캠브리아기의 말에 분화되고 있다. 동물문의 흥망성쇠를 지질시대에 따라서 [그림 9]와 같이 모식화하면 몇 가지 의미를 읽을 수 있다. 즉 페름기(이첩기)와 트라이아스기(삼첩기)에 걸쳐서는 어느 군에 있어서나 그 종류의 수가 감소하고 있고 필석류는 멸하고 말았는데, 이 시대에 대조산운동이 있었고 기후가 고르지 못했던 지질학적 증거와 일치한다.

이러한 방식으로 척추동물의 강을 계통지워 보면 [그림 10]과 같다. 이러한 그림에서 어느 시기에 어떠한 강이 출현했

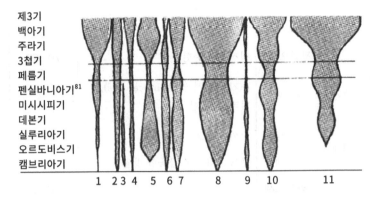

제3기
백아기
주라기
3첩기
페름기
펜실바니아기[81]
미시시피기
데본기
실루리아기
오르도비스기
캠브리아기

1 2 3 4 5 6 7 8 9 10 11

[그림 9][5] 생명역사의 모식도. 지질시대에 따른 동물군의 변화(폭의 넓이가 속(屬) 이상의 군의 수). Simpson, G. G., 《The Meaning of Evolution》 (1950) Yale Univ. Press, New Haven에서, Anfinsen, C. B., 《The Moleculer Basis of Evolution》(1959) John Wiley & Sons, Inc.에서 개사한 것이다. 1.원생동물 2.산호류 3.필석류 4.강장동물 5.태충류 6.완족류 7.극피동물 8.연체동물 9.연사류(주로 환형동물) 10.절지동물 11.척삭동물.

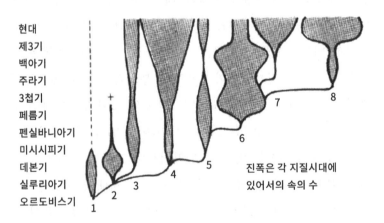

현대
제3기
백아기
주라기
3첩기
페름기
펜실바니아기
미시시피기
데본기
실루리아기
오르도비스기

진폭은 각 지질시대에
있어서의 속의 수

[그림 10] 척추동물 역사의 모식도. 각 지질시대에 있어서의 각 강이 차지하고 있는 기지의 변이이다. 1.무악어류 2.판피어류 3.연골어류 4.경골어류 5.양서류 6.파충류 7.조류 8.포유류.

130

으며 그것이 지질시대에 따라서 어떤 흥망성쇠를 밟아왔는가 하는 것을 알 수 있을 뿐 아니라 연대에 따른 지질학적 사건과 고기후 등의 환경과의 관련도 추측할 수가 있겠지만, 한편으로는 어떤 특정 유전인자가 변화해간 속도를 단백질의 구조를 비교함으로써 알 수도 있고 혈연관계를 추측할 수도 있다.

2. 진화의 수준

진화의 근본 성격은 진화의 수준을 어디에 두는가에 따라서 달라진다. 심슨(G. G. Simpson)은 "진화하는 것은 집단이고 개체는 아니다."[6]라고 했는데 실제로 생물의 새로운 체제형의 기원을 기준으로 했을 때 그 진화적 변화는 '평균적 변화'인 것이다. 그러나 직접적인 인과관계란 수준에서는 진화의 어느 특정 형질이 문제될 수가 있다. 초파리(Drosophila)의 소집단에서 일어난 돌연변이가 이론상 무한대의 대집단에서 볼 때 분명히 '진화'가 아닐 경우가 있다. 그것이 유리할 경우 '집단 중에서 증식할 때까지 살아남을 수 있는 적응한 분기의 하나'로 끝날 수가 있다. 그러나 그 변화는 유전자 돌연변이를 의미해야 한다.

생화학적 성질, 특히 같은 종류의 단백질 구조가 종에 따라서 차이가 있음을 분자론적 진화학은 제시하고 있을 뿐 아니라 유전자, 즉 DNA의 염기서열의 지령에 따르는 단백질 합성기구가 선명하게 되면서 단백질의 변이는 DNA의 염기서열에 이상을 일으킨 돌연변이에 원인이 있음이 분명해졌다. 따라서 생물계통과 이들 변이와의 관계, 그리고 이러한 관계가 계통학적 의미를 가질 때까지 소요된 시간, 즉 '진화의 속도'와 '진화의 규모'를 염두에 두지 않으면 안 된다.

화석의 기록에 의하면 진화적 변화의 속도는 일정하지 않다. 어떤 군은 비교적 짧은 기간에 급속도로 변화해 커다란 규모의 종(種)과 속(屬)을 형성하는 데 반해 어떤 군은 오랜 시간에 걸쳐서도 거의 변화하지 않는 것이 있다. 더욱 진화 속도는 '어느 생물 구조의 어느 부분, 그리고 진화사의 어느 시기'를 고려해야 한다고 심슨은 말하고 있다. 주머니쥐[7](opossum)은 과거 8,000만 년에 걸쳐서 약간의 진화적 변화가 있었을 뿐인데 말의 진화는 6,000만 년 사이에 적어도 여덟 개의 속이 등장하고 있다.

이처럼 어떤 종류의 생물은 그 형태학적 구조에 있어서 다른 종류에 비해 현저한 변화를 한다. 마찬가지로 어떤 단백질의 분자 구조에 있어서도 진화사에 따른 변화 속도에 커다란 폭이 있다. 즉 단백질 중에도 같은 시간에 있어서 어떤 것은 다른 것보다 현저한 구조적 변화를 일으키는 것이 있다. 말향(抹香) 고래와 양의 소마토트로핀(somatotropin)을 인슐린[8](insulin)과 비교해 보면 여러 종류의 동물 중 인슐린의 구조는 여러 종류의 동물을 비교할 때 두 줄의 폴리펩티드 중 한 줄의 한정된 부분에서만 세 가지 아미노산이 다를 뿐인데 소마토트로핀의 경우는 단 두 종 사이에서도 많은 차이점이 있다.[9]

종 분화의 수수께끼를 풀기 위해서 화학적 의미를 찾아보려면 '종의 표현형질은 주로 그 종에 독자적인 단백질 분포형으로써 규정된다.'라는 기본 가정에서 출발해야 한다고 한다.[10] 따라서 단백질은 그 기능을 그대로 유지하면서도 변화할 수가 있다. 그리고 변화의 허용도는 종에 따라서 차이가 있게 된다. 혈청알부민이 전혀 없는 사람도 있지만 정상적인 생활을 할 수 있다. 그러나 시토크롬C나 산화적 인산화반응에 관여하는 효소가 없이는 대부분의 생물은 살 수 없다. 이처럼 단백질 구조의 변화는 그 정도가 '제로'인 것부터 '대단히 큰 것'까지의 순위계(hierarchy)를 설정해 종을 표현할 수도 있을 것이다. 즉 돌연변이와 자연도태를 상반하면서 진화하는 사이에 대부분의 생명에 불가결인 시토크롬 C는 진화해 온 생물 전반에 걸쳐서 최소한의 변화만 받아왔지만 혈청 알부민과 같은 것은 자연도태의 변수가 움직임에 따라서 변화할 수도 있을 것이다. 또, 전혀 새로운 단백질의 출현도 있을 수 있을 것이다. 즉 척추동물이 나타날 무렵의 진화 시점에서 인슐린과 그 밖의 호르몬이 극적으로 등장한 분자적 기초는 아직도 분명치 않다.

이와 같이 '진화의 속도'와 '진화의 규모'를 고려하면서 '종의 분화'를 관련지워서 비교하기 위해 '소진화'(microevolution), '대진화'(macroevolution), '거대진화'(megaevolution)의 세 과정으로 검토해 볼 필요가 있다. 카터(G. S. Carter)는 고생물학적으로 이를 구별해 "첫째로, 연속된 일련의 지층 중에서 볼 수 있는 최소의 진화적 차이의 기원이 있다.

둘째로, 적응방사(adaptive radiation)에 있어서 집단 성원들의 분화가 있다. 그리고 셋째로는, 그 선행자(先行者)로부터의 동물의 새로운 체제형의 진화가 있다."[11]라고 요약하고 있다.

(1) 소진화

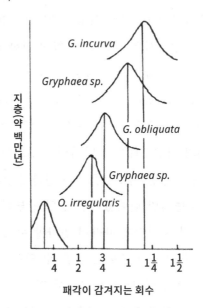

[그림 11] Gryphaea 집단의 패각(貝殼)이 감겨지는 형질의 진화를 보여주는 분포곡선(A. E. Trueman,《Biol. Revs. Biol. Proc. Cambridge Phil. Soc.》1930, 5, 296).

지질학적 과정에서 어떤 곳에 운 좋게도 1계열의 지층이 형성됐을 경우, 고생물학자는 수십만 년에 걸쳐 종의 형태가 변천해 갔던 모습을 재구성할 수가 있다. 트루먼(A. E.

Trueman)[12]은 만곡한 조개류(다족류, 이매패류) 그리파이아 (Gryphaea)의 연구는 굴속(Ostrea)의 조개로부터 파생된 연체동물로서 중생대 지층에서 발견된다. 패각이 편평한 조상으로부터 이 속이 생겼는데 Ostrea irregularis로부터 Gryphaea dumortieri, G. obliquata를 거쳐서까지 진화하는 데 약 600만 년이 걸렸다. 이 과정에서 변천한 형태적 형질은 대단히 많으나 각각 그 진화 속도를 달리하면서 진화했다. 그중 한 가지 형질인 패각이 감겨지는 수의 변화를 지표로 해 각 지층에서 발견되는 그리파이아를 보면 [그림 11]과 같이 두 정규분포곡선을 그리고 있었다. 이것은 각 지층에서 얻은 집단이 단일한 것이며 독립된 몇 개의 집단이 섞여진 것이 아니란 것을 시사한다. 이러한 경우 큰 범위의 돌연한 변화, 즉, '도약진화'와 같은 것이 아니고 분명히 소진화가 이뤄졌던 것이다. 그리파이아의 진화의 특징은 인정하기 어려울 만큼 서서히 이행했고 또 전형적인 분포곡선을 표현하고 있는 점이다. 트루먼은 "이러한 진화계열은 그물세공(plexus) 또는 합류할 수 있는 여러 계열의 다발(束)로 봐야 한다."라고 한다.

(2) 대진화와 거대진화

어느 생물 집단의 환경의 제약 하에서 일어난 돌연변이가 그 개체에 유리하다면 그 집단 내에서 '부동의 위치'를 차지할 수도 있겠으나 그리파이아의 예에서처럼 환경의 범위가 한정돼 있을 경우에는 유리한 돌연변이라 할지라도 표준형 개체와 자유롭게 지배가 이루어지기 때문에 독자적 계통으로 영속하기 어렵다.

명백한 분화가 새롭게 생기든가, 생물의 새로운 체제형이 생기는 커다란 변화의 주요인은 적응방사이다. 이는 생물집단이 분할돼서 여러 가지 생활사를 갖는 많은 작은 군으로 갈라지는 현상을 말한다. 이때 이동성이 큰 군일수록, 또 적응을 필요로 하는 환경 변화가 절실한 것일수록 결과적으로 생기는 형태나 기능의 다양성은 커진다. 이때 성공하지 못한 예도 허다할 것이다. 이 다양성과 이동성은 빠른 진화 속도와 더불어 화석의 기록도 불완전하고 정착성인 그리파이아의 경우와는 사정이 달라진다. 그럼에도 불구하고 고생물학자들은 계통발생의 이정표에 따라서 이러한 예를 재구성하는 데 성공하고 있다.

소집단에서 일어난 적응가치가 없는 돌연변이는 진화적 의의가 거의 없지만 때로는 진화적 형질로 확립될 수도 있다. 그 후에 그 생물의 생활사가 변한 결과 그 계통의 유전에 아직도 남아 있는 불리했던 유전자가 돌연 유용한 것으로 돼 대단히 빠른 속도로 급격한, 그리고 커다란 진화적 변화를 일으킬 수도 있을 것이다. 이러한 견해에 따르면 국지적, 정착적 소진화로부터 새로운 문(門)이 극적으로 등장하는 대진화나 거대진화에 이르기까지 진화 전체를 돌연변이와 자연도태로 설명할 수 있을 것이다.

3. 다윈 이후의 진화학설

오랜 물질적 발전을 거쳐서 생명이 기원했다. 그것이 진화를 계속해 오늘날과 같은 생물의 다양성을 이루기까지 많은 분교로 갈라지면서도 일정한 방향성을 보여주고 있다. 따라서 진화는 방향성의 개념과 결부되고 있다. '종의 신성'이라는 소진화는 별도로 하더라도 고생물학이 제시하는 파충류에서 조류, 포유류로의 진화와 같이 규모가 크고 또 방향성이 명백한 대진화가 방향성이 없는 돌연변이와 자연도태만으로 설명될 것인지 의심하는 이도 있다. 그러나 '생물의 변화'가 진화의 기초를 이룬다면 '종의 유지' 또한 근본적인 문제이기 때문에 변이와 유전, 그리고 자연도태는 진화의 방향성의 중요한 요인이다. 그러나 그 물질적 기초를 이루고 있는 화학반응의 방향성은 유기물질이 코아세르베이트를 거쳐서 원형질 단계에 도달할 때까지 보여준 방향성과 함께 고려할 수 있다. 아무리 돌연변이라 할지라도 가능한 화학반응 계열을 떠나서 '돌연히' 일어날 수는 없다.

(1) 유전학과 진화

라마르크는 환경의 영향으로 변이한 획득형질이 유전한다고 생각했고, 다윈 역시 환경에 의해서 생긴 개체변이(individual variation)가 유전한다고 생각했으며 그중에서 환경에 적응한 변이가 자연도태로 살아남기 때문에 일정 방향의 변이가 누적

된다고 생각했다.

그 후 바이스만[13]은 획득형질은 절대로 유전하지 않는다고 주장했다. 즉 "성물질과 체물질은 근본적으로 상이하고 환경의 변화는 체물질에는 영향을 미치지만 성물질에는 영향을 주지 않는다. 따라서 후천적으로 얻은 형질은 절대로 유전하지 않는다. 세포 내에는 유전기질인 이드(id)가 있고 각 이드 중에는 더욱 작은 단위인 결정소(유전소, determinant)란 입자가 있어서 수정 직후의 알에는 대단히 많은 결정소가 있으나 배(胚)의 발달과 더불어 이것은 점차 적당한 세포에 분배돼 몸 각 부분의 분화가 일어난다. 그러나 성세포만은 생물 종의 특성을 지닌 여러 결정소가 집적돼 있어서 다음 대에 옮겨준다." 라고 했다. 이것이 생식질설(keimplasma theory)인데, 결정이론(determinant theory)이라고도 한다. 이 학설은 관념적이기는 하나 현대 유전학과 흡사한 점이 많다. 한편 요한젠은 "변이를 도태해 가면 처음에는 도태의 효과가 있으나, 극한에 도달하면 그 이후는 아무리 도태하더라도 효과가 없다."라는 순계설을 발표해 혼계(混系)에서 순계를 분리할 때까지는 변이가 인정되나 순계에 도달하면 개체 변이이기 때문에 유전하지 않으며 돌연변이가 일어나지 않는 한 진화를 인정할 수 없음을 명백히 했다.

바이스만이나 요한젠에 의해 환경에 의한 변이가 유전성이 없음이 명백하게 되면서 드 브리스에 의해 알려진 돌연변이가 유전성이 있음으로 진화 요인으로서 중요한 학설로 등장했다.[14] 그는 달맞이꽃(Oenothera lamarckiana)의 변이성을 연구하던 중 양친과 판이하게 다른 변이를 발견했던 것이다. 그에 의하면 "종이란 연속적으로 결합돼 있는 것이 아니고 돌연한 변화 또는 돌연의 비약으로서 생기는 것이다. 기존의 단위에 새로운 단위가 가해지면 언제나 새로운 비약이 일어나서 신종이 된다. 이처럼 신종은 돌연히 생기는 것이다. 인정할 수 있는 아무런 준비도 없이, 그리고 그것은 신진(新進)도 없이 일어나는 것이다. 즉, '돌연히 폭발한다'(plötzlich explodiert). 즉, 종은 인공적으로 모은 군이 아니고 시간적으로나 공간적으로 완전히 독립된 단위이며 이것은 선행종에서 돌연변이로서 생긴 것이고 다음 돌연변이가 일어날 때까지 변하지 않고 살아남는다."라고 했다. 요한젠은 "그의 돌연변이설은 유전에 관한 낡은 생각에서 새로운 생각으로 옮아가는 도중의 이정표이기 때문에 언제까지나 역사적인 중요성을 지닐 것이다."라고 높이 평가하고 있다. 드 브리스는 진화와 관련해 "같은 부모로부터 나온 개체 간에 보이는 변이, 즉 개체변이는 유전하지 않기 때문에 진화의 출발점이 될 수 없다. 그러나 돌연변이는 여러 방향으로 일어나기 때문에 그중에서 환경에 적응한 것은 자연도태가 작용해 살아남게 되고, 따라서 정해진 방향의 진화를 할 수 있다."라고 했다.

현대 유전학은 멘델[15]로 인해 법칙성이 성립됐고, 모건(Thomas Hunt Morgan, 1866~1945)의 유전자설[16](gene theory)을 거쳐 오늘날의 분자론적 해석에까지 이르고 있다.

이로써 멘델-모건 유전학이 확립됐고 이후 분자 수준에서 유전자가 핵산이라는 실존분자로 알려졌기 때문에 돌연변이도 분자 수준에서 해석되고 있다.

모건의 제자 말러(Herman Joseph Muller, 1890~1967)가 1927년에 초파리(Drosophila melanogaster)에 X선을 쬐어 인위 돌연변이를 유발한 뒤 이 방면의 연구가 많이 이뤄지고 있다. DNA의 염기서열에 이상이 일어나면 복제 과정에서 잘못된 정보가 도입되고 그게 유전하게 된다. 즉, 돌연변이는 DNA의 어떤 성분의 합성이 방해됐을 경우, DNA 분자 내에 상이한 염기성분이 들어가든가 또는 원래의 염기가 탈락될 경우, 고에너지 방사선을 받아서 본래 가지고 있던 염기의 이성체(異性體)가 형성됐을 경우 등 대체로 DNA의 염기 변화에 따라서 유발된다. 이처럼 멘델-모건에 의해 확립된 형질의 유전적 안정성과 돌연변이의 유전적 변화 사이에서 진화 메커니즘에 관한 열쇠의 일부를 찾게 됐다.

돌연변이는 그 규모에 있어서 여러 가지로 정도의 차이가 있다. 유전자, 즉 DNA에 변화를 일으키는 유전자 돌연변이와 같이 분자 내 염기의 변이로 일어나는 경우도 있지만 염색체의 변이로써 일어나는 경우도 있다. 염색체 변이로는 배수성, 이수성 이외에도 염색체의 절단, 전좌, 결실, 중복 등 많은 이상을 일으키는 경우가 있다. 어떠한 경우든지 근본적 원인은 유전자 이상이다. 즉, 그것의 지령에 의한 형질발현의 이상으로서 변이가 일어나는 점에 있어서 분자론적 유전학의 역할은 크다.

멘델리즘(Mendelism)의 발견으로 교잡으로써 양친에게
는 없던 형질이 자손에게서 얻을 수 있는 의미를 알게 됐다. 여
러 가지 형질을 가진 자손 중에서 이를 적당히 선택하면 새로
운 종을 얻을 수 있다고 생각해 진화 요인으로 교잡설(hybrid
theory)을 주장한 이가 로치(J. P. Lotsy, 1867~1931)이다.[17] 그
러나 교잡이 일어날 수 있는 범위는 대단히 좁은 것이고 소진
화를 설명하려고 하더라도 격리기구와 더불어 고려돼야만 진
화요인론으로서의 의의가 있다.

(2) 진화의 방향성

생명은 지구 역사의 어느 일정한 시기에 출현했다. 시간이 지
나며 이것이 지구사의 일부로서 변천하면서 오늘날의 다양한
생물이 있게 됐다. 보다 자세하게 설명하자면 원소로부터 무기
화합물의 형성, 나아가서는 탄소를 주축으로 하는 유기화합물
의 복잡화로의 방향을 거쳐서 코아세르베이트가 이루어졌고,
그것이 도태를 받으면서 진화해 생명이 기원했고 생명은 더욱
많은 종으로 분화했다. 이러한 과정에서 결과적으로 방향성이
성립됨은 당연하다. 즉, 선행된 물질이나 상태가 발전한 변이
가 연속돼 온 과정이 진화이기 때문이다. 그러한 변이의 이면
에는 생명으로서의 화학반응이 있고 그 반응계는 가능한 방향
과 불가능한 방향이 있다. 그러나 가능한 방향의 반응계라 할
지라도 자연도태로서 합리적이고 능률적인 것이 보존돼 진화

의 방향이 현재에 이르고 있다. 무방향적으로 일어나는 돌연변이도 자연도태가 이를 진화대열에 참여토록 보존해 방향지우기도 하고 절멸시키기도 한다. 이러한 방향성은 환경에 의한 것으로 도태에 의해 어떤 방향으로 변이가 보존되는 정향도태이다.

한편 화석의 기록은 이와는 다른 의미에서 방향성이 뚜렷한 경우가 있다. 말의 어금니의 대화(大化), 지골(趾骨)의 감소, 코끼리 몸의 대화, 송곳니의 장대화, 암몬조개[18]의 패각이 감겨지는 모습, 고래 골반의 소화 등의 방향성은 환경에 의한 자연도태와 관계없이 일정한 방향으로 진행한다. 이러한 현상은 생물의 생(生), 성(盛), 쇠(衰), 감(減)의 진화과정 중 후기, 즉 번영기에서 멸망기에 걸쳐서 볼 수 있다. 특히 절멸한 생물 중에서 전형적인 예가 많다. 이러한 방향성은 그 요인이 생물체 내부에 있다고 생각되고 있는데, 이를 정향진화(orthogenesis)라고 한다. 정향진화에 관한 생각은 바겐이 암몬조개를 상세하게 연구해 일정 방향으로 발달함을 밝혔는데(1869) 이것을 토대로 해 코프의 논문(1871)으로써 정향진화의 개념이 고생물학에 도입됐다. 1897년에 하케(Haacke)는 orthogenesis란 말을 사용했으며 같은 해 아이머의 도마뱀과 인시류에 관한 연구가 이뤄졌는데, 특히 인시류 날개의 모양으로써 진화현상을 설명했다. 그 후 많은 고생물학자 사이에 강력하게 지지받는 하나의 진화학설이 됐다.

정향진화는 방향성이 있고 그 방향성은 진화과정의 후기

에서 말기에 나타나며 더욱 이러한 법칙성은 생물체 내부에 그 원인이 있는 것으로 요약된다. 더욱 자연도태에 의해 결과 지워진 방향성이 아니기 때문에 정향진화에는 적응한 형도 있지만 적응하지 않은 형도 있다. 즉 과대성장이나 과대분화가 이러한 것이다. 고생물학자들이 막연하게 생각했던 내인(內因)은 최근에 와서 생리학적·생화학적 면에서 생각할 수 있게 됐다. 사슴의 뿔은 해마다 탈락하고 다시 나오는데, 뿔의 크기와 가지의 수효는 해마다 증가해 개체발육의 극한에서 끝나며, 동일 개체이기 때문에 유전자 구성에 변화가 있을 수 없다. 그럼에도 불구하고 사슴의 뿔은 진화해 왔던 과정과 같은 과정을 밟으면서 정향적으로 변화한다. 이것은 뿔의 변화가 정소호르몬의 분비에 지배되기 때문이며 따라서 사슴뿔의 진화도 정소호르몬의 분비량 증대란 내적 요인으로서 설명된다. 이로써 유전자에 의해 생성되는 화학물질의 반응계열과 이를 촉매하는 효소작용의 미묘한 관계에 있어서의 방향성, 우성형질에서 열성으로, 또는 야생형에서 열성으로의 돌연변이의 방향성, 생체물질이나 효소 그리고 이들이 일으키는 화학반응의 방향성, 즉, 생화학적 진화의 방향성 등이 주목받게 됐다.

(3) 격리설

격리(isolation)를 진화요인으로서 중요시한 이는 바그너(M. Wagner, 1813~1887), 로마네스(George John Romanes, 1849~1894), 굴릭(J. T. Gulick, 1905) 등이다. 격리에는 지리적 격

리와 생리적 격리가 있다. 지리적인 경우는 생물의 이주, 지리적인 장해나 기상의 변화로 교잡이 불가능한 상태를 말한다. 생리적인 경우는 형태적으로 또는 생리적 원인으로 생식이 불가능하게 됐을 경우인 성적 격리를 말한다. 바그너는 다윈과 같은 시대의 탐험가로, 1867년에 "종의 형성은 자연도태와 격리가 같이 작용함으로써 이루어진다."라는 그의 주장을 발표했다. 격리의 의의는 라마르크의 《동물철학》이나 다윈의 《종의 기원》에서도 다 같이 인정하고 있다.

근년에 와서는 유전학자들에 의해 돌연변이와 품종간 잡종의 연구를 토대로 해 격리의 중요성이 강조되게 됐다. 도브잔스키(T. Dobzhansky, 1900~1975)나 패터슨(J. T. Patterson, 1878~1960) 등은 돌연변이가 일어난다 하더라도 교잡이 허용되면 품종이나 종을 구별할 만한 차이는 생기지 않는다고 생각하고, 종의 형성을 위해서는 격리가 필요하다고 역설하고 있다. 따라서 격리는 집단 사이에서 거의 완전하게 생식이 불가능하도록 막는 장벽을 만드는 기구이다.

도브잔스키[19]는 집단유전학의 입장에서 진화과정을 세 가지 수준으로 가르고 있다. 첫째 수준은 유전자의 돌연변이와 염색체 돌연변이로서 진화의 소재가 마련되는 것이고, 다음 수준은 개체에 생긴 돌연변이가 집단 내에서 존속 또는 소멸되는 과정인데, 교잡, 도태, 이주, 격리 등이 그 요인으로서 작용한다. 세 번째 수준은 위의 두 수준에서 생긴 분화가 고정돼 신종에 이르는 과정인데, 이때 생태학적 격리, 생식적 격리와 잡종의 불임성 등이 분화의 혼합을 방지한다. 그는 또 격리기구 (isolation mechanism)를 자세하게 분류하고 있다. 즉 연속적으로 분포하고 있는 유전자 풀에 산맥이나 강, 사막 또는 바다 등이 생겨서 분포상의 장벽을 형성해 각 지역에 독특한 종의 형성을 가능하게 할 경우 이를 지리적 또는 공간적 격리(geo-graphical or spatial isolation)라 했고, 생리적 격리(physio-logical isolation), 즉, 생식적 격리(reproductive isolation)는 보다 자세하게 분류했다. 집단의 대표자들이 여러 주소에 있는 생태적 격리(ecological isolation), 교미기나 개화기가 다른 교잡이 이루어질 수 없는 계절적 또는 시간적 격리(sea-sonal or temporal isolation), 암과 수 사이의 교잡률이 떨어지는 성적, 심리적 또는 기분적 격리(sexual, psychological or ethological isolation), 교미기나 꽃의 구조에 변화가 일어나서 지배가 일어날 수 없게 되는 기계적 격리(mechanical isolation), 정자가 알까지 도달하지 못하든가 화분관이 배낭(胚囊)까지 생장하지 못해 수정이 이루어지지 못하는 경우 또는 암의 생식관 내에서 수 배우자의 생존력이 약한 배우자 또는 배우체적 격리(gametic or gametophytic isolation), 잡종의 접합체(hybrid zygote)가 살 수 없든가 적응성이 약화되는 잡종의 생존불능(hybrid in viability), F_2나 역 교배한 잡종의 전부 또는 일부분이 살지 못한다든가 적응성이 떨어지는 잡종 붕괴(hybrid breakdown) 등으로 가르고 있다.

1 방사성물질은 외부 조건과 관계없이 붕괴한다. 원자번호 92, 원자량 238의 우라늄(U)으로부터 1억분의 1g의 납(원자번호 82, 원자량 206), 즉 우라늄 납(보통의 납은 원자량이 207.21이다)으로 일정한 속도로 붕괴한다. 따라서 그 광물의 연령을 측정하려면 다음 식에 의하면 된다.

$$연수=\frac{Pd의 양(g)}{U의 양(g)} \times 7.6 \times 10^9$$

2 지질시대(geologic age)에 살던 생물을 고생물이라 하며, 고생물의 유해나 고생물의 자국(印象) 및 유적을 화석(fossil)이라고 한다. 따라서 돌로 화하지 않았더라도 시베리아에서 발견된 매머드(mammoth)처럼 얼어붙은 채로 남아 있는 경우나, 발자국이나 동물이 살던 동굴 등도 화석이라 한다.

3 생물의 존재가 화석으로 나타나지 않는 시대를 은생시대(cryptozoic era)라 하고 화석으로써 생물의 존재가 확인되는 시대가 현생시대 (phanerozoic era)이다. 실제로 현생시대는 캄브리아기(Cambrian period)부터이니 약 5억 년 전이고, 약 30억 년 전이 은생시대였다고 할 수 있다. 이 시대는 전캄브리아기(pre-Cambrian period)라 하는데 이는 다시 시생대(Archeozoic era)와 원생대(Proterozoic era)로 구분한다. 이 시대에도 화석은 분명치 않으나 원시생명은 존재했으리라고 한다.

4 판피강(Placodermi): 갑을 가진 멸망한 척삭동물의 1강. 현재의 어류와는 유연이 가깝지 않다.

5 북아메리카 서부와 중앙부에서는 석탄계가 부정합으로 둘로 대분돼 하부가 미시시피계(Mississipian system), 상부가 펜실베니아계 (Pennsylvanian system)로 명명돼 있다. 그러나 이는 미국 학자들 사이에서만 쓰이고 있다.

6 *The Meaning of Evolution*(1955), Mentor Book.

7　북아메리카산 유대류의 하나 *Didelphis virgiana*. 신생대의 포유류 시대가 시작할 무렵에 포유류의 주류를 이루었던 것이며 주머니쥐 (opossum)는 그중에서도 가장 원형에 가까운 것인데 이후 현재까지도 별다른 진화적 변화가 없다.

8　췌장 호르몬의 하나. 소의 인슐린은 F. Sanger에 의해 아미노산 서열이 밝혀졌다(1955). 21개의 아미노산 잔기로 돼 있는 α사슬과 30개의 아미노산 잔기로 돼 있는 β사슬이 S-S결합으로써 2군데서 연결돼 있다. 종적 변이는 α사슬의 8, 9, 10번 아미노산에서만 일어난다. 양은 Ala-Gly-Val이고, 말향고래는 Thr-Ser-Ile이다. 이 밖에도 돼지는 Thr-Gly-Ile, 소는 Ala-Ser-Val, 말은 Thr-Gly-Ile 등의 변이가 있다. 어느 경우든지 α사슬의 6번째와 11번째 아미노산인 시스테인에 의한 S-S결합 사이에서만 있는 변이이다. 이 호르몬은 혈당량을 조절하는데 그 기능이 상실되면 당뇨병에 걸린다.

9　뇌하수체 호르몬의 하나로 생장촉진 호르몬. 분자량에 있어서도 종적 변이가 심하고 따라서 구성 아미노산 잔기의 수도 종에 따라 심한 차이가 있다. 종에 따른 분자량과 구성 아미노산 잔기수(괄호 내)를 보면 각각 소 46,000(396), 원숭이 25,400(241), 사람 27,100(245), 양 47,800, 고래 39,900과 같다. 이 밖에도 물리·화학적 성질이 종에 따라 현저하게 다르다.

10　Anfinsen, C. B., *The Molecular Basis of Evolution*(1959), John Wiley & Sons, Inc.

11　Carter, G. S., *Animal Evolution;A Study of Recent Views of Its Causes*(1951), Sidgwick & Jackson, Ltd., London.

12　Trueman, A. E., *Geol. Mag.*(1924), 61, 360.

13　신다윈주의자, 즉 '자연도태만능설'을 주장했는데 이를 바이스마니즘(Weismannism)이라고도 한다. 《진화론강의》(*Vortrāge über Dezendenztheorie*, 1902) 또 「생식질 연속설」은《유전설의 기초로서의 생식질 연속에 관하여》(*Die Kontinuität des Keimplasmas als*

Grundlage einer Theorie der Vererbung, 1883)으로 발표했다.

14 Hugo de Vries, *Die Mutationstheorie*(1901~1963), 2권.

15 《식물잡종의 실험》(1866), 《브륀자연연구회지》, 제4권(*Versuche
über Pflanzenhybriden, Verhandlungen des naturforschenden
Verines in Brünn*, Bd. IV, 1866) 48면의 논문. 1865년에 동호회에서
보고 강연한 것으로 이 논문을 유럽 각지의 학자에게 보냈으나 반향이
없었는데, 1900년에 드 브리스(H. de Vries), 체르막(E. von Tscher-
mak), 코렌스(C. E. Correns)에 의해 재발견됐다.

16 *The Theory of the Gene*(1926). 유전자의 실재개념 확립. 염색체 상
에 유전자의 선상배열 등을 명백히 해 멘델의 실험은 모르간에 이르러
크게 성장했다.

17 *Evolution by Means of Hybridization*(1916).

18 ammonite, 국석이라고도 한다. 현재의 앵무조개류.

19 Genetics and the Origin of Species (1951).

4

진화의 입증

생물진화의 개념은 생명과학의 모든 분과에 걸쳐서 살펴볼 수 있다. 형태나 기능, 그리고 대사양식에 이르기까지도 종간 특색을 비교함으로써 다양성의 유래를 알아볼 수 있다. 아리스토텔레스의 '자연의 계단'이나 라이프니츠의 '연속성의 원리'와 같은 개념이 생물진화의 사상과 유사성이 있지만 생물진화를 입증한 것은 아니고 관념적인 것이었다. 라마르크의 《동물철학》과 다윈의 《종의 기원》 이후 생물의 관찰 또는 실험을 통해 구체적인 사실이 밝혀지면서 진화의 사실 자체는 공고한 기반 위에 놓이게 됐다.

진화의 증거로서 화석은 거대한 시간의 제한을 어느 정도 극복해 생물변천의 역사적 기록을 수립토록 했으며, 현존 생물의 비교로서도 계통적 개념을 수립할 수 있다.

1. 화석계열의 법칙성

화석의 연구를 토대로 해 생물진화의 과정을 살펴보면 일반적인 법칙성에 도달한다. 그러나 그 법칙성은 특정한 면에 있어서의 경향성이고 생물진화 전반에 걸쳐 보편타당성이 있는 것은 아니지만 진리의 일면을 엿볼 수는 있다. 화석으로 본 진화과정의 몇 가지 법칙이 있다.

방산의 법칙   짧은 기간에 여러 가지 적응형이 나타나서 성했다가 얼마 지나면 대부분이 절멸하고 약간만이 남는 현상이 있다. 파충류 화석은 그 좋은 예로서 석탄기에서 주라기에 걸쳐 16군으로 방산했고, 특히 트라이아스기에서 주라기를 거쳐 백악기에 이르는 중생대는 파충류 시대라 불릴 만큼 전성기를 이루었다. 이들은 모두 생, 성, 쇠, 감의 과정을 밟아 대부분이 백악기에 멸했지만, 오늘날까지 남아 있는 거북류, 도마뱀류 및 뱀류, 악어류의 3개목은 오히려 백악기에 최대의 번영을 이루었다.

어느 원형에서 생겨난 군 중에는 뚜렷한 변종을 만드는 잠재능력이 있는데, 이 잠재능력은 다른 환경에 놓이면 조상의 원형과 분명하게 다른 형태나 생활 방법을 취한다. 적응방산이란 허용되는 범위 내에서 그 생물이 가지고 있는 잠재능력이 그것이 처하는 환경에 따라서 여러 방향으로 진화하기 때문에 잡다한 군으로 갈라진다. 파충류는 석탄기에서 시작해 페름기를 거쳐 주라기에 이르는 동안 수서인 어룡, 공중을 나는 익룡,

그리고 대형인 육서 공룡류 등이 폭발적으로 출현하는 방산이
있었다.

비특수화의 법칙 진화과정에서 분화와 특수화가 진행해
버리면 그것으로부터는 새로운 형으로 변화하지 않는다는 것
이 코프(1880)의 '비특수화의 법칙'이다. 즉 진화가 진행한 것
은 특수화하지 않은 원시적인 것으로부터 발달한 것이다. 또
로자(D. Rosa, 1899)는 계통의 특수화가 진행하면 변화의 폭
과 양이 감소한다고 했는데 이것이 변화성 점감의 법칙이다.

체구 거대화의 법칙 생물이 진화함에 따라서 몸이 커지
고 이상적으로 거대화하면 그 생물은 멸망에 가까워진 것이라
고 하는 법칙이다. 이 법칙도 코프(1880)가 내세운 것인데 드
페레(C. Depéret, 1907)가 포유류에서 많은 예를 들어 설명했
다. 그는 무척추동물 중에서도 유공충류, 극피동물, 암몬조개
류, 갑각류 등의 예에서 이 법칙을 설명했다. 이 법칙에서 몸의
거대화와 멸망과의 관계는 의미가 있는 듯하다. 실제로 중생대
에 멸망한 거대한 파충류, 특히 공룡류는 오늘날에 남아 있지
않다. 그렇다고 해서 코끼리나 말의 진화에서도 거대화의 현상
이 보이는데 앞으로의 운명을 단언할 수는 없다.

시대의 법칙 개체와 마찬가지로 종족도 시간이 경과함
에 따라 출생, 성숙, 노쇠, 멸망의 과정을 밟는다는 법칙이다.
즉 적응방산한 종족은 초기에는 번영하지만 점차 특수화가 감
소하고 그 종족에 속한 종수도 감소해 결국은 멸망한다. 그러
나 진화속도가 느린 여러 동물 중에는 오랜 시간이 경과했지

만 오늘날까지도 별다른 변화 없이 생존을 계속하고 있는 것
도 있다. 더욱 굴 종류의 조상으로부터 발생한 그리파이아는
멸망했지만 굴족은 아직도 남아 있다. 즉, 원래의 계통은 살아
있는데 그것으로부터 분지한 종족은 멸망한 경우도 많다. 아무
리 수명이 길다하더라도 시대의 법칙에 따른 생물의 영고성쇠
는 존재한다.

　이러한 법칙 이외에도 화석이 제시하는 여러 가지 법칙성
이 있고 어느 경우든지 진화과정을 설명하는 일면성을 지니고
있기는 하나 진화 전반에 걸쳐 보편타당성을 지니고 있는 법
칙이라고 할 수는 없다. 즉 유족(類族)이 다른 계통수의 가지가
때때로 같은 방향으로 특수화한다는 수렴의 법칙은 뷔퐁이나
다윈도 지적했지만 코프(1868)가 자세하게 설명했으며 스콧
(W. B. Scott, 1891)이 이를 법칙화했다. 오스본(Thomas Burr
Osborne, 1859~1929)은 수렴의 법칙에서 구별해 1905년에
종족은 같은 계통이 때때로 같은 방향으로 특수화한다는 평행
의 법칙을 세웠다. 또 하나의 종족의 진화는 대체로 같은 장소
에서 일어나지 않고 떨어진 장소에서 일어난다는 이동의 법칙
은 드페레(1907)가 제3기 포유류에서 얻은 법칙이고, 돌로(L.
Dollo)는 특수화가 지나치게 진행한 생물은 자손을 남기지 못
하고 멸망한다는 진화유한의 법칙을 진화과정에서 생물체, 기
관 또는 기관의 부분적 구조가 변화하면 그 후의 진화에서 원
래의 상태로 되돌아가지 않는다고 하는 불가역진화의 법칙
(1892)과 더불어 내세웠다. 이 진화유한의 법칙은 헤켈의 "종

은 무한히 변이하는 것이고 새로운 것으로 진화할 수 있다."라
는 진화무한의 법칙에 대립되는 생각이다. 계통수의 가지가 달
라지면 그 진화 속도가 같지 않다는 진화 속도 부동의 법칙은
다윈이 설명했고 드페레가 예를 들어 증명했으며 심슨이 많은
예를 들고 그래프로 표시했다. 이 밖에도 몇몇 법칙이 있기는
하나 모두 일면성을 면치 못하고 있다.

2. 조직의 진화

생물의 형태를 비교하면 단세포생물도 있고 이들이 모여서 군
체를 형성하는 것도 있으며 그것이 더욱 분화해 다세포생물을
이루는 등 풍부한 다양성을 지니고 있다. 그러나 진화개념에서
볼 때 대체로 단순에서 복잡화의 방향으로 발달했다.

세균은 하나하나의 개체가 세포인데 이들은 한 군데에 모
여서 군집을 이루지만 서로 아무런 연락도 없다. 고니엄(Goni-
um)은 두 개의 편모가 있는 단세포생물인데 하나의 개체가 4
번 세포분열을 해 16개의 세포가 분리하지 않고 군체를 형성
해 공동인 우무질 속에서 생활하고 있다. 또 볼복스(Volvox)는
200개 이상의 개체가 군체를 이루어 공동의 우무질 속에서 생
활하는데 이것은 개체 사이에 원형질의 연락이 있다. 더욱 어
떤 세포는 정자를 만들고 어떤 세포는 알을 만드는 분업도 이
루어진다. 그러나 군체는 영속적인 세포의 결합이 아니고, 얼
마 지나면 해체해 군체를 이루었던 개체는 각각 독립생활을

하다가 다시 세포분열을 되풀이해 군체를 형성한다.

다세포생물은 세포분열로 생긴 여러 세포로 돼 있는데 그 중에 서도 해캄이나 다시마처럼 몸을 이룬 세포가 다 같은 모양을 하고 있는 것도 있으나 군체처럼 해체하지는 않는다. 조직은 세포와 세포와의 연락이 점점 긴밀하게 발달해 이루어진 것이고, 진화와 더불어 분화가 일어나서 여러 가지 조직이 생겼으며, 이들은 더욱 긴밀한 연락을 갖는 방향으로 발달해 생물이 개체로서의 일을 하게 됐다고 생각한다.

3. 형태학적 증거

다양한 생물종도 그 체제에 몇 가지 공통의 기본형이 있고, 또 형태를 비교하면 같은 원형에서 진화한 상동기관을 찾아볼 수 있다. 또한 어떤 기관은 진화와 더불어 일정한 방향으로 발달돼 왔다고 추정되는 것도 있으며, 과거에는 있었던 기관이 진화한 형에 있어서는 흔적기관으로 남아있는 경우도 있다. 한편 동물의 발생과정을 살펴보면 "개체발생은 계통발생을 되풀이한다."라는 헤켈의 진화재연설이 의미있게 부각된다.

(1) 생물의 체제

아메바는 일정한 모양을 갖추고 있지는 않으나 바깥 물질과 섞여지는 일은 없다. 짚신벌레는 일정한 모양이 있지만 이것을 똑같은 부분으로 가를 수는 없다. 이러한 체제를 비대칭이라고 한다. 태양충이나 볼복스 등은 공과 같이 어느 축으로 갈라도 대칭이 되기 때문에 무축성(無軸性)이다.

한편 히드라, 성게, 불가사리 등은 여러 개의 대칭 면을 구별할 수 있고 축이 일정해 방사상을 이루므로 이러한 것을 방사대칭이라고 한다. 사람, 새, 거북, 곤충 등 대부분의 동물은 하나의 축으로 똑같이 둘로 나눌 수 있는데 이것이 좌우대칭이다.

지렁이나 거머리처럼 몸의 같은 부분이 앞뒤로 연달아 있을 때 이것을 체절이라 한다. 갑각류나 곤충 등도 체절구조이지만 몇 개씩 합쳐져 있어서 분명하지 않다. 이러한 것을 이규체절이라 하고 지렁이처럼 분명한 것을 동규체절이라 한다. 사람도 등뼈나 척주신경 등은 체절구조이나 몸 전체로서는 체절적 구조가 아니다.

식물도 홑세포인 세균으로부터 꽃식물에 이르기까지 여러 단계로 분화돼 있다. 균류는 엽록소가 없으나 그 밖의 식물은 대부분이 엽록소가 있다. 엽록소가 있는 식물도 조류는 배(胚)가 없고 수중생활을 하나 그보다 고등인 식물은 배가 있고 육상에서 생활한다. 육생식물 중에도 선태류는 뿌리가 없고 관다발이 발달하지 않았으나 양치식물 이상이면 뿌리도 있고 관다발도 발달한다. 그러나 양치식물은 씨를 만들지 않는다. 꽃이 생기고 씨를 만드는 식물이 꽃식물이다.

발달한 식물은 뿌리, 줄기, 잎, 꽃 등의 기관배치에 일정한 규칙성이 있다. 줄기에 잎이 달리는 양식을 잎차례, 꽃이 줄기에 붙는 양식을 꽃차례라고 한다.

(2) 기관의 비교

<u>상동과 상사</u>   생물이 여러 가지로 다른 환경에서 살게 됨으로써 그곳에 적응해 기관도 기본형에서 변화하고 특수성이 증대해 방산적으로 달라지는 경우가 있다. 이런 경우 상동기관이라 하는데 새의 날개나 사람의 손, 그리고 고래의 앞지느러미 등이 이러한 예이다. 이와는 반대로 같은 환경에서 생활함으로써 다른 기본형이 같은 기능을 갖는 경우가 있다. 즉 새의 날개와 곤충의 날개는 이러한 예이고 이런 경우 상사기관이라고 한다.

식물에서도 이러한 예는 많다. 줄기가 변화한 양파의 인경, 감자의 근경 등은 영양분을 저장하도록 변한 상동기관이고 포도의 감는 줄기나 선인장의 다육경도 역시 줄기가 변한 것이다. 한편 선인장의 가시나 아스파라거스의 가시 등은 잎이 변한 상동기관이다. 그러나 고구마는 뿌리가 변한 것이고 감자는 줄기가 변한 것이기 때문에 이런 경우는 상사 기관이다.

<u>흔적기관</u>   원래는 가지고 있었던 기관이 환경에 따라서 없어졌든가 흔적만 남기고 있는 경우가 있다. 말의 발가락은 원래 5개 있었지만 진화와 더불어 제3지만을 사용하고 나머지 4지는 흔적으로 남아 있으며 고래의 앞다리는 지느러미처럼 발달했지만 뒷다리는 표면적으로는 흔적마저 없으나 해부해 보면 조그만 뼈대로 퇴화했음을 알 수 있다.

<u>기관의 비교</u>   허파의 구조를 비교하면 어류의 부레로부

터 양서류, 파충류, 조류, 포유류로 발달한 계열성을 찾아볼 수 있고 심장의 구조에서도 이러한 계열성이 뚜렷하다. 더욱 신경계를 비교하면 짚신벌레는 직모(織毛)를 연결하고 있는 섬유가 있을 뿐이지만 강장동물의 산만신경계로부터는 진화도가 높아질수록 집중도가 커지고 고등동물로 발달함에 따라서 두화현상(頭化現象)이 현저해져서 뇌를 형성하게 된다.

발생원리　다세포동물은 단세포시대인 수정란에서 출발해 성체로 발달하는 것이 일반원칙인데, 이것이 개체발생이다. 개체발생의 과정에서 계통발생의 현상을 볼 수 있다는 사상, 즉 '생물발생의 원칙'은 헤켈에 의해 공식화된 것이다. 그러나 이러한 생각은 일면성을 지니고 있기 때문에 지금은 역사적 가치가 있는 정도로밖에 인정하지 않으나 아직까지 모든 생물 연구의 기본적 위치를 차지하고 있다.

척추동물의 개체발생을 비교하면 이러한 발생원리를 뚜렷하게 볼 수 있다. 즉, 여러 강에 속하는 척추동물의 발생과정을 비교하면 처음에는 서로 비슷한 모습을 하나 발생이 진행하면서 점차 종 특유의 형질을 갖추어간다. 이 과정에서 근연인 것일수록 서로 비슷한 과정을 볼 수 있을 뿐 아니라 진화계열에 따라 기관의 발전계열을 찾아볼 수 있다.

새낭은 척추동물의 아가미의 원시형이라 할 수 있는 기관인데 어류라 할지라도 초기에는 새낭의 형태로부터 발달하고 보다 진화한 육상 척추동물도 발생 도중에 이러한 기관이 나타난다.

말의 발굽도 화석계열로써 보여준 진화과정이 발생과정에서 관찰된다. 사슴뿔의 경우에서도 이와 같은 현상을 볼 수 있다. 즉 첫 해는 단일각이고 3년째에 2개의 가지가 나오며 4년째에 3개, 5년째에 5개의 가지가 나오는데 이것도 화석계열에서 보여준 진화과정과 같다.

동맥궁을 비교해도 척추동물의 각 강 사이의 하등에서 고등으로의 계열성이 기본형에서의 일부 소실로서 설명되고 있지만, 조류나 포유류의 개체발생에 있어서 어류와 동일형인 것으로부터 일부를 소실하면서 발달하는 모습도 생물발생의 원리를 설명해 주고 있다.

또한 신장의 진화에서도 이러한 현상은 뚜렷하다. 척추동물의 신장은 무척추동물의 신관으로부터 진화했다고 생각되는데, 포유류의 배발생을 보면 중배엽에서 분리된 분절적인 신절에서 처음에는 기능이 없는 전신(前腎)이 생기고, 이어 며칠 동안의 기능을 가지는 중신이 생기나 차례로 퇴화하고 마지막으로 성체의 영구신인 후신이 생기는 일련의 변화를 한다. 한편 성체의 영구신을 보면 원구류는 전신을, 어류와 양서류는 중신을, 파충류 이상은 후신을 갖는다.

4. 분자생물학적 진화

생화학적 측면에서 볼 때, 생물은 여러 가지 세포와 세포활동의 산물로써 성립돼 있다고 할 수 있다. 각각의 세포는 공통 도

식에 따라서 집합된 거대분자, 분자, 이온 등의 별자리이며 여러 종류의 세포 사이에 대단한 유사성을 갖고 있다. 이 유사성이 '생명의 통일성' 개념을 세우는 실체이다. 즉 '생화학적 플랜의 통일성'이고 이는 슈반[1]과 슐라이덴(Matthias Jakob Schleiden, 1804~1881)[2]이 수립한 세포설에서 세포를 생물구조의 단위라고 지적했지만 이와 마찬가지로 세포는 또한 대사의 단위이기도 하다.

어떤 생물에서나 볼 수 있는 구조와 대사의 동일성은 세포의 연속성에 기인한다. 즉, 각각의 세포에 존재하는 푸린과 피리미딘 염기의 일정한 배열집단이 오랜 생명 역사를 통해 세포의 연속성을 유지토록 했다.

분자 수준에서 보면 '종'은 다음과 같은 성질을 갖는 개체군이라고 할 수 있다. 바로 DNA의 거대분자가 갖는 푸린과 피리미딘 염기의 배열이 비슷한 점, 더욱 아미노산 배열이 비슷한 단백질과 폴리펩티드를 생합성할 수 있도록 하는 작동물질, 제어물질, 억제물질의 계를 갖고 있고 이들이 대를 이어가는 점이라 하겠다.

(1) 상동, 상사, 동급

플로킨은 화학적으로 비슷한 화합물, 분자, 거대분자에 대해서 '동급' 개념을 도입했다.[3] 시토크롬, 페르옥시다아제, 헤모글로빈, 클로로크루오린 등은 모두 헴 유도체란 점에서 동급이다. 동급 정도가 높은 단백질의 일차구조는 동급 정도가 높은 핵산염기배열의 복사에 따른 것이기 때문에 단백질의 일차구조도 유사성이 높아 상동일 수 있다. 즉 단백질의 상동 정도는 핵산 염기의 동급성에 의존한다.

'상동'은 유전적인 배경을 갖고 있음에 대해서 동급은 단순히 화학적 구조만을 고려한 것이다. 아데노신3인산(ATP)은 어느 세포에 있어서나 동급이지만, 반드시 상동이라고 할 수는 없다. 즉 ATP는 해당(解糖)이나 산화적 인산화 과정에서 각각 별도의 반응양식에 의해 생산될 수 있다. 따라서 이는 동급이지만 상동은 아니다. 그렇지만 담즙산은 상동적인 효소가 촉매하는 경로에서 생합성되기 때문에 어느 척추동물에서나 상동이다.

상이한 생화학계 중에서 같은 역할을 맡아볼 때 이를 '상사'라고 한다. 헤모글로빈, 클로로크루오린, 헤모시아닌, 헤메리트린 등은 화학적으로 서로 다르지만 산소운반체란 점에서 같은 일을 하기 때문에 이들은 상사라고 할 수 있다. 한편, 대단히 드물지만 폴리펩티드의 일차 구조인 아미노산 배열 최초의 원형이 다른 별도의 세포와 세포 사이에서 아미노산 배열이 같은 것이 발견됐을 경우 이를 '수렴'이라 할 수 있다. 동급, 상동, 상사, 수렴의 개념은 단백질의 일차구조, 즉, 아미노산 배열과 이를 뒷받침하고 있는 핵산의 푸린과 피리미딘 염기의 배열로 성립된 최초의 원형을 고려할 때 [그림 12]로써 설명될 수 있다.

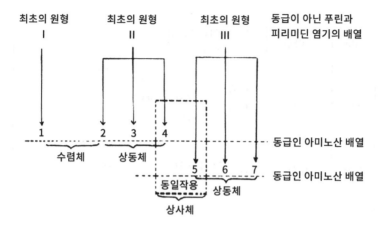

최초의 원형 Ⅰ 최초의 원형 Ⅱ 최초의 원형 Ⅲ 동급이 아닌 푸린과 피리미딘 염기의 배열

1 2 3 4 5 6 7

수렴체   상동체   동급인 아미노산 배열   동급인 아미노산 배열

동일작용   상동체

상사체

[그림 12] 동급, 상동, 상사 및 수렴(Florkin, 1962).

(2) 단백질의 계통발생

분자의 생화학적 상동과 그 계통발생을 설명하는 예는 분자의
아미노산 배열에서 찾아볼 수 있다. 한 가지 좋은 예로서 펩티
드호르몬인 옥시토신(oxytocin)과 바소프레신(vasopressin)
을 들 수 있다. 이는 다 같이 9개의 아미노산으로 성립된 펩티
드인데, 포유류의 뇌하수체 후엽에서 분비되는 호르몬으로서
생리작용은 서로 다르다.

[표 2] L−α−아미노산의 구조와 약호

약호	아미노산	구조식
Gly	글라이신	H−CH−COOH $\quad$ NH₂

Ala	알라닌	$CH_3-CH-COOH$ $\quad\quad\quad \underset{NH_2}{\vert}$
Val	발린	$\begin{matrix} H_3C \\ H_3C \end{matrix} \!\!\!> CH-CH-COOH$ $\quad\quad\quad\quad\quad \underset{NH_2}{\vert}$
Leu	류신	$\begin{matrix} _3C \\ H_3C \end{matrix} \!\!\!> CH-CH_2-CH-COOH$ $\quad\quad\quad\quad\quad\quad\quad \underset{NH_2}{\vert}$
Ile	아이소류신	$\begin{matrix} CH_3 \\ \quad CH_2 \\ CH_3 \end{matrix} \!\!\!> CH-CH-COOH$ $\quad\quad\quad\quad\quad\quad \underset{NH_2}{\vert}$
Ser	세린	CH_2-CH_2-COOH $\underset{OH}{\vert}\quad\underset{NH_2}{\vert}$
Thr	트레오닌	$CH_3-CH-CH-COOH$ $\quad\quad\underset{OH}{\vert}\quad\underset{NH_2}{\vert}$
Cys	시스테인	$CH_2-CH-COOH$ $\underset{SH}{\vert}\quad\underset{NH_2}{\vert}$
Met	메티오닌	$CH_2-CH_2-CH-COOH$ $\underset{S-CH_3}{\vert}\quad\quad\underset{NH_2}{\vert}$
Cys (2Cys)	시스틴	$HOOC-CH-CH_2-S-S-CH_2-CH-COOH$ $\quad\quad\quad\underset{NH_2}{\vert}\quad\quad\quad\quad\quad\quad\quad\underset{NH_2}{\vert}$
Glu	글루탐산	$HOOC-CH_2-CH-COOH$ $\quad\quad\quad\quad\quad\quad \underset{NH_2}{\vert}$

Gln	글루타민	$H_2N-\overset{\underset{\|}{O}}{C}-CH_2-\underset{\underset{\|}{NH_2}}{CH}-COOH$
Asp	아스파르트산	$HOOC-CH_2-CH_2-\underset{\underset{\|}{NH_2}}{CH}-COOH$
Asn	아스파라긴	$H_2N-\overset{\underset{\|}{O}}{C}-CH_2-CH_2-\underset{\underset{\|}{NH_2}}{CH}-COOH$
Arg	아르기닌	$H-\overset{\underset{\|}{C=NH}}{\underset{\underset{\|}{NH_2}}{N}}-CH_2-CH_2-CH_2-\underset{\underset{\|}{NH_2}}{CH}-COOH$
Lys	라이신	$\underset{\underset{\|}{NH_2}}{CH_2}-CH_2-CH_2-CH_2-\underset{\underset{\|}{NH_2}}{CH}-COOH$
Hyl	하이드록시라이신	$\underset{\underset{\|}{NH_2}}{CH_2}-\underset{\underset{\|}{OH}}{CH_2}-CH_2-CH_2-\underset{\underset{\|}{NH_2}}{CH}-COOH$
His	히스티딘	$CH_2-\underset{\underset{\|}{NH_2}}{CH}-COOH$ (이미다졸 고리, HN, N)
Phe	페닐알라닌	(벤젠고리)$-CH_2-\underset{\underset{\|}{NH_2}}{CH}-COOH$
Tyr	티로신	$HO-$(벤젠고리)$-CH_2-\underset{\underset{\|}{NH_2}}{CH}-COOH$

Try	트립토판	
Pro	프롤린	
Hyp	히드록시프롤린	

옥시토신은 자궁근에 작용해 자궁수축을 일으키고 젖샘의 근섬유를 수축시켜 젖분비를 촉진한다. 한편 바소프레신은 모세혈관을 수축시켜서 혈압을 상승케 하고 신장의 신소관에서 물의 재흡수를 촉진한다.

옥시토신과 바소프레신의 구조는 9개의 아미노산 배열이 거의 같고 1번과 6번째의 시스테인(cysteine)이 S-S 결합으로써 시스틴(cystine)을 형성한다. 바소프레신의 8번째 아미노산[4]은 사람이나 소에서는 아르기닌(arginine)으로 돼있는 아르기닌 바소프레신이지만 돼지는 라이신(lysine)으로 돼 있는 라이신 바소프레신이다.

척추동물 뇌하수체 호르몬 펩티드의 아미노산 서열을 보면 [그림 13]과 같이 놀라울 만큼 유사성이 있어 생화학적 상

이소토신(잉어, 대구)

```
1   2   3    4     5       6   7   8    9
Cys-Tyr-Ile-Ser-Asp(NH₂)-Cys-Pro-Ile-Gly(NH₂)
```

메소토신(개구리)

```
1   2   3    4        5       6   7   8    9
Cys-Tyr-Ile-Glu(NH₂)-Asp(NH₂)-Cys-Pro-Ile-Gly(NH₂)
```

옥시토신(소, 돼지, 말, 양, 고래, 사람, 병아리)

```
1   2   3    4        5       6   7   8    9
Cys-Tyr-Ile-Glu(NH₂)-Asp(NH₂)-Cys-Pro-Leu-Gly(NH₂)
```

바소토신(대구, 잉어, 개구리, 병아리)

```
1   2   3    4        5       6   7   8    9
Cys-Tyr-Ile-Glu(NH₂)-Asp(NH₂)-Cys-Pro-Arg-Gly(NH₂)
```

아르기닌 바소프레신(소, 말, 양, 고래)

```
1   2   3    4        5       6   7   8    9
Cys-Tyr-Phe-Glu(NH₂)-Asp(NH₂)-Cys-Pro-Arg-Gly(NH₂)
```

리신바소프레신(돼지)

```
1   2   3    4        5       6   7   8    9
Cys-Tyr-Phe-Glu(NH₂)-Asp(NH₂)-Cys-Pro-Lys-Gly(NH₂)
```

[그림 13] 척추동물 뇌하수체 호르몬의 화학구조

동의 좋은 예가 될 수 있다. 공통의 조상 분자로부터 진화했다고 생각할 때는 [그림 14]와 같은 유연관계를 가정할 수 있다.[5]

플로킨(1944)[6]은 생물이 계통발생의 길목을 따라서 진화할 때에는 분자 수준에서의 변화도 일어난다고 했다. 진화학에 생화학적 개념을 도입한 것은 앞서서 플로킨이 처음이 아니고 퓌르트(Otto von Fürth, 1903)[7]나 볼드윈(E. Baldwin, 1937)[8]

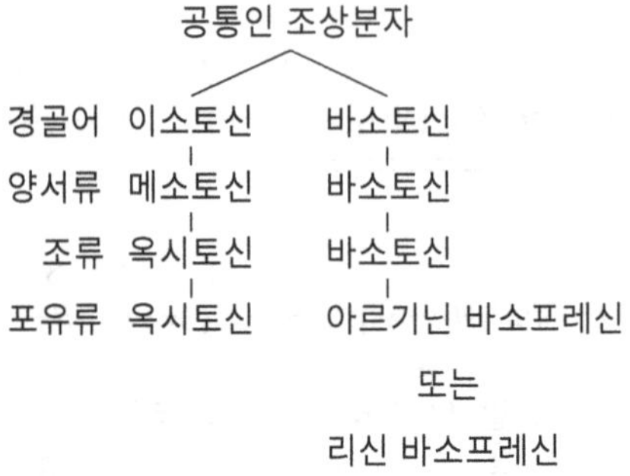

```
                    공통인 조상분자

경골어  이소토신        바소토신
양서류  메소토신        바소토신
조류   옥시토신        바소토신
포유류  옥시토신      아르기닌 바소프레신
                      또는
                    리신 바소프레신
```

[그림 14] 척추동물 뇌하수체 호르몬 펩티드의 계통발생

을 들 수 있는데 이들은 분자 수준에서의 계통발생을 충분히
논의하지 않았었다.

　플로킨의 많은 저서와 논문은 진화현상을 분자의 세계
에서 실증하려 한 것이다. 동시에 가지각색의 생화학적 반
응 중에서 그 통일성을 추궁하고 있다.[9] 한편 클루이버(A. J.
Kluyver)도 다양한 생화학반응의 각각의 단계를 살펴보면, 다
수의 수소 이탈반응과 수소첨가 반응의 짝맞춤에 지나지 않는
다고 지적해 복잡한 생화학적 반응에는 통일원리가 있다고 주
장했다. 그를 비교생화학의 개척자라고 할 수도 있는데, 그에
의하면 계통발생이나 진화를 직접 취급하는 것이 아니고 대
사계의 통일성ㅡ즉, 동일대사단계를 상이한 생물군에서 볼 수
있는 현상ㅡ을 직접 연구하는 것을 강조하고 있다. 또 미생물
에서 볼 수 있는 생화학적 다양성에도 통일적 원리의 저류(底
流)를 인정한 니엘(C. B. van Niel)도 다른 것과 특별히 상이한

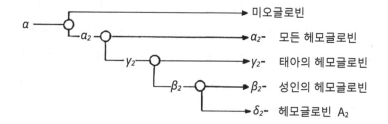

[그림 15] 헤모글로빈 폴리펩티드 사슬의 진화(Ingram, 1961). α-사슬이 조상형의 펩티드 사슬, ○은 유전자의 중복에 이어서 새로운 유전자가 전좌를 일으킨 위치이다.

듯한 대사계도 '주제에 대한 변주곡'으로서 설명될 수 있지 않을까 했다.[10]

　　오늘날의 생각에 따르면 단백질 구조가 진화하는 간접적인 원인은 DNA의 구조변화다. 잉그램(Ingram)[11]은 정상인의 3종류의 헤모글로빈(Hb)을 지배하고 있는 4개의 독립된 유전자에서 Hb의 종류가 증가하는 원인은 유전자 수의 증가임을 시사하고 있다. 사람의 HbA(성인의 Hb)는 α-사슬과 β-사슬을 2줄씩 가지고 있다. HbA 이외의 Hb도 α-사슬을 2줄씩 가지고 있기 때문에 각각의 Hb의 모식은 모두 α^A_2에서 시작되고 있다.

$$HbA(성인) \qquad \alpha^A_2\,\beta^A_2$$
$$HbF(태아) \qquad \alpha^A_2\,\gamma^F_2$$
$$HbA_2 \qquad\qquad \alpha^A_2\,\delta^A_2$$

4개의 사슬은 전체의 아미노산 조성에서 보면 서로 다르나 잉그램(1961)에 의하면 단 1개의 미오글로빈상의 헴단백질이 공통의 선구물질이라고 한다. 잉그램의 도식[그림 15]에서는 헤모글로빈의 유전자 수가 중복과 전좌로써 1개에서 5개까지 증가함을 설명하고 있다.

만약 유전자의 중복이 일어나고 이어서 전좌가 일어났다고 하면 이런 생각을 할 수 있다. 중복된 2줄의 α-사슬이 생기고 이들이 독립적으로 진화했을 거라는 가능성이다.

α-사슬 하나는 현재의 미오글로빈이 되고, 다른 하나는 이량체화의 성질을 획득해 α_2의 분자를 만들게 됐다. 잉그램은 α_2-사슬의 유전자가 다시 중복을 일으켰다고 가정하고, 중복 후에 두 가지 형의 이량체, 즉 α_2와 γ_2는 충분한 진화를 거쳐서 사량체로 됐다고 했다. Hb 진화의 이 단계, 즉 $\alpha_2 \gamma_2$의 사량체는 몇몇 경골어류에서 이루어졌다.

Hb 계통발생의 다음 단계는 α-사슬 유전자의 중복과 전좌였다. 새로운 유전자는 성인의 생리적 요구에 적응한 사량체, 즉 $\alpha^A_2 \beta^A_2$를 준비했다. 한편 γ-사슬은 더욱 진화해 태아의 산소 교환에 적응한 Hb, 즉 $\alpha^A_2 \gamma^F_2$를 준비했다. 이때 3개의 독립된 유전자 α, β, γ가 존재하고 이들은 각각 이량체의 사슬을 만들고 더욱 집합해 사량체인 $\alpha^A_2 \beta^A_2$ 또는 $\alpha^A_2 \gamma^F_2$를 만들 수 있었을 것이라고 추정된다.

트립시노겐(trypsinogen)이 활성화될 때 N-말단에서 펩티드가 유리된다.[12] 유리된 펩티드의 조성과 아미노산 서열은 몇몇 우제류(偶蹄類)에서 명백해졌다.[13] 즉 돼지는 옥타펩티드, 소는 헥사펩티드, 양은 옥타펩티드와 헥사펩티드의 혼합물, 산양은 헥사펩티드가 각각 유리된다.[14]

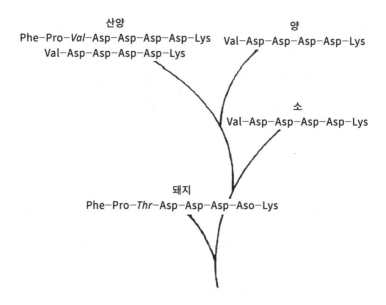

산양
Phe-Pro-*Val*-Asp-Asp-Asp-Asp-Lys
Val-Asp-Asp-Asp-Asp-Lys

양
Val-Asp-Asp-Asp-Asp-Lys

소
Val-Asp-Asp-Asp-Asp-Lys

돼지
Phe-Pro-*Thr*-Asp-Asp-Asp-Aso-Lys

[그림 16] 트립시노겐의 활성화펩티드의 아미노산 서열과 우제류의 계통발생(Flokin M., *A Molecular Apprach to Phylogeny*, 1966).

이들 유리된 활성화펜 티드의 C 말단을 보면 4개의 아스파르트산 잔기에 연속해 라이신이 C 말단을 이루고 있는 점, 즉 Asp·Asp·Asp·Asp·Lys로 배열된 점은 공통돼 있다. 그러나 N-말단의 아미노산 서열은 종류에 따라서 다르다. 즉 돼지는 Phe·Pro·Thr 이지만 소와 산양과 양의 짧은 펩티드는 돼지의 Thr이 Val로 바뀌면서 Phe·Pro은 탈락했다. 그러나 양의 긴 펩티드는 Thr이 Val로 바뀌기는 했으나 N-말단의 Phe·Pro은 그대로 남아 있다. 이러한 사실을 [그림 16]의 계통수에서 보면, 돼지는 가장 원시적이기 때문에 옥타펩티드(8 A. A.)이겠고 더욱 3번 아미노산 ·Thr· 에서 돌연변이가 일어나서 Val·로 바뀌었다. 이후 Phe·Pro의 2개의 아미노산을 상실하고 소의 헥사펩티드(6 A. A.)가 발생했다. 양에서는 장단 2개의 펩티드를 형성하는 유전자가 보존돼 있으나 소나 산양은 짧은 펩티드를 형성하는 유전자만 인정된다.

산소호흡을 하는 생물은 전자전달계로서 시토크롬이 있다. 그중에서 스미스 등(Smith and Margoliash, 1964)은 시토크롬C의 아미노산이 다른 수를 종이 분화한 뒤 경과한 시간과 결부해서 생각해 [표 3]과 같이 계산하고 있다.

[표 3] 시토크롬C에서 상이한 아미노산의 수와 공통 조상에서 갈라져 나온 후에 경과한 연수와의 비교(Smith and Margoliash, 1964).

종	상이한 아미노산의 수	경과연수(년)
사람－원숭이	1	$50 \sim 60 \times 10^6$
사람－말	12	$70 \sim 75 \times 10^6$
사람－개	10	$70 \sim 75 \times 10^6$
돼지－소－양	0	
말－소	3	$60 \sim 65 \times 10^6$

포유류 – 병아리	10~15	28×10^7
포유류 – 다랑어	17~21	40×10^7
척추동물 – 효모	43~48	$1 \sim 2 \times 10^9$

시토크롬C는 104개의 아미노산으로 성립돼 있으나 효모, 붉은떡곰팡이(Neurospora), 가중나무고치나방(Samia cynthia)은 N-말단에 4~6개의 아미노산이 더 많은 것도 있다. 시토크롬C는 수억 년 사이에 많은 생물 중에서 일정부분을 보존하고 있는 단백질로서 중요하다.

[표 4] 시토크롬C의 폴리펩티드의 종적 변이

사람*   Ileu·Met·Lys·Cys·Ser·Glu-NH₂·Cys·His·Thr·Val·Glu······ (14, 17)

소/말/돼지   Val·Glu-NH₂·Lys·Cys·Ala·Glu-NH₂·Cys·His·Thr·Val·Glu······

연어   Val·Glu-NH₂·Lys·Cys·Ala·Glu-NH₂·Cys·His·Thr·Val·Glu······

닭   Val·Glu-NH₂·Lys·Cys·Ser·Glu-NH₂·Cys·His·Thr·Val·Glu······

효모   Phe·Lys·Thr·Arg·Cys·Glu·Leu·Cys·His·Thr·Val·Glu······

Psudomonas**   Gly·Cys·Val·Ala·Cys·His·Ala

시토크롬 551

Tuppy H., *Symposium on Protein Structure*(1958), A Nenberger Ed., John & Son.

* Jukes T. H., *Molecules and Evolution*(1966), Columbia Univ. Press 에서 인용.

** Ambler R. P., *Biochim. J.*(1962), 82:30.(1963), 89:349.

다섯 종류의 시토크롬에서 몇 가지 비슷한 점을 살펴보면 다음과 같다.

헴원자단과 결합하는 곳은 폴리펩티드의 14번과 17번의 시스테인(Cys)인데 18번의 히스티딘(histidine, His)일 때도 있고 종적 변이는 15~16번 아미노산에서 일어난다. 한편 마골리아시와 스미스는 헴색소역(域)은 11번에서 33번까지 확대해서 고려해야 할 것이며 이 23곳 중에서도 11개의 아미노산이 변이를 받기 쉽다고 지적했다.

지금까지 조사된 생물에서는 1, 6, 29, 34, 41, 45, 77, 84번의 8개의 글라이신과 6개의 라이신은 불변이다. 글라이신 잔기는 측쇄를 갖고 있지 않기 때문에 폴리펩티드가 접어질 때 가장 좋은 교차점이 될 수 있다고 스미스는 지적하고 있다. 또 70~80번의 11개 아미노산은 모든 생물에서 동일하다.

헬릭스(helix) 부분은 극단적으로 적어서 80번 아미노산까지는 전혀 없고, 펩티드 사슬 전체에서도 α-헬릭스는 10% 이하이다.

페닐알라닌과 류신과 아이소류신, 발린과 아이소류신과 같은 소수성(疏水性) 아미노산의 위치는 비교적 비슷하다(Margoliash, 1963). 이러한 치환은 변화의 원인이 되는 트리플렛 (triplet) 암호 내의 염기변이가 쉽게 일어나기 때문일 것이다.

지금까지 조사된 생물 중에서 시토크롬C를 구성한 아미노산 가운데 불변인 것이 39개이다. 특히 70~80번의 배열이 현재까지는 성역처럼 돼 있으나 보다 많은 생물에서 조사결과를 얻는다 해도 여전히 불변일까? 그런데 종래 불변이던 37, 66, 100번의 아미노산이 칸디다 크루세이(Candida krusei)라는 다른 아미노산으로 바뀌지면서 39개인 '불변'은 36개로 감소됐다. 즉, 시토크롬C 분자의 진화는 아직도 진행 중이고 그 진화 속도는 글로빈의 경우보다는 대단히 늦다.

(3) 진화하는 생물과 분자

거대분자의 계통발생은 개체 수준에서의 종의 진화를 의미하는 것은 아니다. 그러나 고단백질의 연구로써 분자의 측면에서 종족의 진화 해명에 어느 정도의 기대를 걸 수 있다. 즉, 죽은 생물은 부패해 그 물질적 원형을 상실한다. 그럼에도 불구하고 몇 가지 성분은 퇴적암이나 퇴적물 속에서 발견된다. 유기분자는 대부분 화석에서 발견되고 있고 이러한 분야의 연구는 고생화학(古生化學)을 탄생케 했다. 에오세의 악어의 분석(糞石)에서 포르피린이 분리됐고, 에오세의 갑충목의 날개에서 키틴(chitin)이 동정(同定)됐으며 또 여러 화석에서 유리의 아미노산이 확인되고 있다. 아벨슨(P. H. Abelson)에 의하면 10만 년 이전의 패각화석[15]은 단백질이 없고 유리 아미노산과 짧은 펩티드 사슬의 혼합물을 포함하고 있으나 2,500만 년 전에 살았던 것에서는 유리 아미노산만을 발견할 수 있었다. 이러한 견해는 화석 수준에서 분자의 계통발생을 연구하려는 희망마저 잃게 할 염려가 있다. 그런데 다행히 보다 광범한 연구는 그보다도 훨씬 오래된 연대의 화석에 거대분자가 보존돼 있음을 알아냈다. 바로 유조류(有爪類)의 일종 페리파투스(Peripatus)에 원시적인 외골격에 해당하는 관이 있는 것이다. 이는 단백질과 아세틸글루코사민의 중합체인 키틴과의 복합체이다. 키틴합성계는 단세포생물에서도 보편적인 것이다. 따라서 단백질과 결합해 원시적인 절지동물의 외골격형성에 쓰였다. 그 후 관절이 있는 골격은 단백질-키틴 외골격의 단백질 부분의 경화 또는 탄산석회의 침착으로써 견고성을 획득했다. 거대분자의 계통발생을 알아보려면, 계통수의 가지에 따라서 상동 거대분자를 비교한다. 상동은 유전자 핵산, 즉, DNA의 염기 배열 수준과 단백질의 아미노산 서열과의 관계에서 공통적인 최초의 원형을 찾아내는 일로부터 시작한다. 따라서 헤모글로빈, 시토크롬, 인슐린과 같은 거대분자의 일차구조를 비교함으로써 문제되는 생물이 계통수 위에서 멀리 떨어지면 떨어질수록 이들 거대분자의 일차구조의 차이는 점점 커지고 있음이 명백해졌다.

모든 생물은 시간과 더불어 변화해 왔다. 그중 개체로서의 변화가 적은 생물은 분자도 변화가 적은 생물이다. 그러나 자매종[16]의 경우는 형태적 특징은 구별할 수 없을 정도로 비슷하나 생식적으로 격리돼 있다. 자매종은 형태적 변화 없이 생화학적 특징이 변화할 수도 있기 때문에 개체의 변화와 분자의 변화의 평행관계는 분명치 않다.

계통수는 박물학자들이 해부학, 발생학, 고생물학 등의 막대한 자료를 기초로 꾸민 것이기는 하지만, 이것을 절대적인 진리의 표현이라고 생각하는 사람은 없을 것이다. 그러나 계통수를 안내역으로 해 필요한 정보를 얻을 수는 있다. 생화학적 비교 연구에 있어서 개체의 데이터와 분자의 데이터 사이에 커다란 차이가 있을 때 계통 관계를 개정할 경우도 있다.

어떤 단백질의 일차구조가 계통발생 변화가 근소하다 하더라도 그 단백질의 여러 성질을 변화시킬 수 있다. 단백질의 삼차구조는 일차구조로써 규제된다고 생각된다. 트립신이나 키모트립신의 일차구조는 상동임에도 불구하고 효소 활성은 각각 다르다. 이는 동급 정도가 높다고 하더라도 삼차구조와 효소 활성에 차가 생길 가능성이 있음을 말해주고 있다. 따라서 단백질의 계통발생에 있어서 일차구조의 변화를 고려할 경우, 삼차구조와 사차구조를 포함하는 여러 성질도 살펴봐야 할 것이다.

1개 또는 2~3개의 효소가 첨가됨으로써 어느 생화학 경로에서 분자단위의 성질이 변화할 수도 있다. 한편 계통발생에 있어서 어떤 효소를 잃어버릴 수도 있을 것이다. 키틴합성효소(chitin synthase)가 이러한 예로서 키틴의 생합성은 신구동물이 갈려져 나가는 곳에서 상실됐다.

(4) 생화학과 진화

분자 수준에서 진화를 논의하는 것은 원형질과 같이 복잡한
계에 비하면 거대한 밀림 속에 들어간 것과 같다. 소와 돼지의
시토크롬C가 동일하다고 해서 이들을 동일종이라고 단정할
수는 없다.

생물의 라이신 합성계에는 두 가지 경로가 있으나 이 두
가지 경로가 동시에 작용하는 일은 없다.

동물이나 기생하는 생물은 완성된 라이신의 형태로 섭취
하나 남조나 녹조, 그리고 고등식물은 독특한 대사경로를 거쳐
서 라이신을 합성한다. 이 경로는 적어도 7가지 효소반응을 거
치는데 디아미노피멜산(diaminopimelic acid, DAP)의 탈카
복실 반응으로 끝나기 때문에 이를 'DAP경로'라고 한다.

이와는 전혀 다른 라이신 합성계가 있다. 이 경로는 8가지
효소반응을 거치는데 이는 α-아미노아디프산(α-aminoadipic
acid, AAA) 경로로서 'AAA경로'라고 한다. 이는 고등인 곰팡
이류나 유글레나 등에서 일어나는 경로이다. DPA경로와 AAA
경로의 분포는 분류학적 경계에서 명백하게 갈라진다.

보겔(H. J. Vogel)이 실험한 결과를 보면 세균류, 남조류,
녹조, 고사리·겉씨·홀씨식물 등이 DAP경로를 사용하고 있었
고, AAA경로는 자낭균과 담자균에서 이루어지고 있었다. 그
런데 조균류는 두 가지가 있었다. 즉, 후기에 단편모나 무편모
포자를 만드는 조균류는 AAA경로를 사용하고, 전기에 단편
모나 쌍편모를 갖는 포자를 만드는 종류는 DAP경로 라이신을

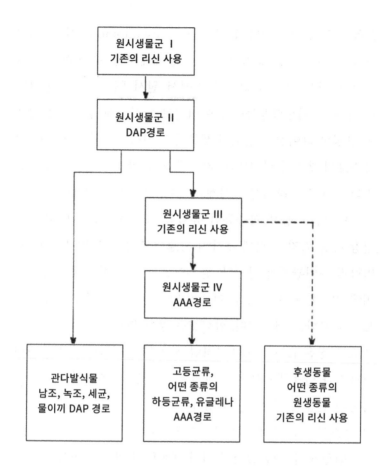

[그림 17] 라이신 합성계에 있어서의 진화 가설(Vogel, 1965).

합성했다. 생화학적 성질에 의한 조균류의 구분은 현저하다.

효모가 AAA 경로를 사용하는 것을 볼 때 효모는 녹색 식물보다 동물에 가깝다. 효모의 시토크롬C도 녹색식물보다는 포유류와 비슷한 라이신 합성능이 없는 생물이 이 두 가지 경로를 별도로 획득했다. DAP 경로는 Pseudomonas류, 진정세균류, 방선균 등 비교적 간단한 생물체에서 볼 수 있는 것으로 이는 라이신 공급이 없는 환경에서 원시생물에 의해 발전했다. 한편 라이신합성능을 잃어버리고 착실하게 생활하는 생물이 합성한 라이신을 섭취해 생존하던 기생생물의 출현으로 대사경로의 분지가 형성됐다. 기생생물 중 어떤 것은 종속생활을 버리고 새로운 라이신 합성계, AAA경로를 발전시켰다.

박상윤[17] 등은 파충류인 유혈목이의 혈장알부민, 혈색소, 혈장 등을 각각 토끼에 주사해 항혈청을 얻어 몇몇 동물과 면역학적 유연관계를 살폈다. 알부민은 시료로 사용했던 유혈목이에서만 반응이 있었다. 이로써 알부민의 분자구조의 변화속도가 빠르다고 생각되며, 혈색소는 강한 분자적 상동성을 나타냈고 혈장은 [그림 18]에서처럼 시료인 유혈목이에서는 여러 단백질과 반응했으며 같은 파충류인 자라와 조류인 닭에서는 약간의 반응이 있었으나 무당개구리(양서류), 집쥐(포유류) 등 강 수준이 다른 종에서는 반응이 없었다.

원형질 수준에 있어서 여러 생화학적 반응은 공통의 유기분자를 사용함으로써 경제성을 높이고 있다.

가장 현저한 예로서 DNA나 RNA의 염기는 다섯 종류밖에 없고 각각은 네 종류를 갖고 있을 뿐이다. 즉 DNA는 아데닌, 구아닌, 시토신, 티민을, 그리고 RNA는 티민 대신에 우라실로 바뀌었을 뿐이다. 다른 성분으로는 인산과 리보스(RNA) 또는 데옥시리보스(DNA)를 갖고 있다. 오탄당과 인산이 엇바

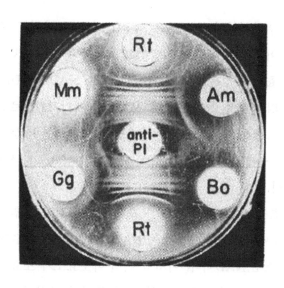

[그림 18] 유혈목이 항혈청에 대한 면역확산(박·김·염, 1977)
anti-Pl: 항혈청   Rt: 유혈목이   Am: 자라   Bo: 무당개구리   Gg: 닭
Mm: 집쥐 | 같은 파충류인 자라에서는 반응이 보인다.

꿰서 연결되고 오탄당에 염기가 부착해 길다란 사슬을 만들고 있을 뿐인데 이처럼 단순한 기본물질로 이루어진 사슬의 네 가지 염기배열에 차를 만들어 헤아릴 수 없는 종류의 DNA 또는 RNA가 존재하게 되고, 이는 또한 그에 따른 원형질 내 모든 종류의 단백질을 형성하는 능력을 갖췄다. 단백질 역시 20종류 정도의 아미노산 서열이 달라짐으로써 전혀 성질과 구조가 다른 단백질로 돼버린다. 이러한 사실은 몇 가지 안 되는 화학물질이 기기묘묘한 조화를 부릴 수 있도록 짜여져 있다.

　시토신, 우라실, 티민은 피리미딘 염기이고, 아데닌과 구아닌은 푸린염기이다. 이들은 핵산(DNA, RNA)의 성분일 뿐 아니라 아데닌은 ATP, ADP, AMP의 성분이며 뉴클레오티드 계의 조효소의 성분을 이룬다. 즉 조효소 NAD, NADP, FAD, CoA 등의 성분을 이루고 있다. 포도당은 에너지원으로 쓰이지만 셀룰로오스, 글리코겐, 많은 이당류 등의 성분일 뿐 아니라 글루코스-1-인산 또는 글루코스-6-인산의 상태로 대사과정에 참여한다.

조효소는 몇 가지 종류가 수많은 효소작용에 참여한다. 젖산수소이탈효소의 조효소는 NAD인데 알코올수소이탈효소의 조효소도 NAD이다. 이처럼 여러 아포효소가 조효소를 공용하는 현상과 마찬가지로 한 가지 물질이 여러 화학반응에 참여하는 공용 현상은 대단히 많다. 인산화반응은 대단히 중요한 현상으로 인산분자는 이곳저곳에 있는 분자로 옮겨 다니며 생리기능을 수행한다.

쉴 새 없는 변화 속에서 평형을 유지하며, 최대의 능률을 발휘해 빈틈없는 합리성을 지니고 종족과 개체를 유지해 오랜 생명 역사를 지속시키며 또 발전해 나가는 일이 조그만 원형질의 한정된 공간 속에서 이루어진다는 것은 곧 우리로 하여금 생명의 신비에 더 도전하도록 하는 듯하다.

5. 생리학과 진화

진화는 지구 역사의 일부로서 생물의 역사를 의미하기도 한다.

생물은 기능면에서 합목적적으로 발전했고 형태에 있어서도 마찬가지다. 지금까지 진화를 입증하는 데 있어 거시적인 형태, 화석, 발생 등이 커다란 구실을 해 왔지만 그 이면에는 생리학적·생화학적 배경이 가로놓여 있다. 그러나 이러한 미시적인 입장에서 진화경로를 더듬어가는 일이나 계통수를 수정하려는 작업은 아직은 시기상조다. 그러나 여러 면에서 진화학적 근거를 찾아볼 수 있다.

녹색 편모충류는 엽록소가 있어서 광합성을 하지만 빛이 없는 곳에서는 유기산이나 당을 에너지원으로 섭취할 수 있다. 그러나 엽록소가 없는 원생동물은 용액상태의 유기물로는 충분한 생장을 할 수 없고, 살았든지 죽었든지 식물이나 동물을 그대로 섭취해야 한다. 이는 아직 밝혀지지 않은 생장물질을 요구하기 때문이다. 이러한 사실들로 미루어볼 때 광합성을 하던 원생생물이 엽록소를 잃고 종속 형태인 원생동물로 발전한 것 같다.

유글레나는 녹색 편모충류인데, 질소원으로 무기 질소를 이용하는 것과 폴리펩티드의 형태로 질소가 공급되지 않으면 안 되는 종류가 있다. 이는 독립 영양형태에서 종속영양형태로의 이행을 같은 속의 유글레나에서 볼 수 있는 예라 할 수 있다. 한편 필수아미노산의 요구는 원생동물에서 사람에 이르기까지 전 동물계에서 비슷하다.

체액이나 혈구는 보다 능률적이고 복잡한 방향으로 진화했다. 해면동물, 강장동물 등은 주위의 물이 몸속에 들어와서

순환해 체액의 구실을 하기 때문에 '물 림프'라고 한다. 극피동물은 상당히 고등한 동물이면서도 물 림프를 가지고 있는데 그 성분은 복잡하고 Thyone과 같은 종류는 적혈구마저 가지고 있다. 개방순환계를 하고 있는 동물은 혈액과 조직액이 섞여 있는 '피 림프'를 가지고 있는데, 이는 물 림프보다 많은 단백질이 있고 호흡단백질도 포함하고 있다. 가장 고등인 척추동물은 폐쇄순환계를 하고 있기 때문에 혈액과 림프가 분화돼 있고 혈액은 혈관 밖을 나가지 않을 뿐 아니라 모든 체액 중에서 가장 능률적이다.

적혈구는 척추동물에는 일반적으로 분포되고 있지만 무척추동물에서는 계통수의 여기저기에 고립해 분포하고 있다. 그러나 공과식물의 뿌리혹세균에서 헤모글로빈이 발견된 것으로 보아 헤모글로빈은 진화의 초기에 이미 있었으나 생활환경에 따라서 대부분 없어지고 척추동물들만 전반적으로 남아 있는 듯하다. 척추동물 중에서 고등으로 발전하면서 적혈구의 크기는 작아지고 대신 수효가 많아졌다. 이는 표면적을 넓혀 산소운반의 기능을 증진한 것이다. 그러나 어류는 산소가 부족한 물속에서 살기 때문에 적혈구의 크기는 파충류 정도이나 그 수는 파충류보다 많다.

체액 내 단백질 함량은 진화한 군에서 높다. 한편 체액의 '콜로이드 삼투압'은 해산, 담수산, 육산을 가리지 않고 진화의 정도가 높아질수록 높다. 다만 피낭류만은 예외적으로 낮다. 체액의 응고현상은 동물 체액의 유실을 방지하는 현상이다. 진화의 각 단계에 따른 명백한 차는 볼 수 없으나 능률적인 방향으로 발달했다.

영양소가 산화하는 사이에 발생한 에너지는 ATP의 형태로 간직했다가 생물의 활동에 필요한 에너지의 직접적인 공급은 대체로 ATP의 분해로서 방출되는 것이 쓰인다.

$$ATP \xrightarrow{\text{ATPase}} ADP + \sim P$$

즉 $\sim P^{18}$가 유리될 때의 에너지는 생활활동에 쓰이고 ATP는 $\sim P$ 하나를 분리했기 때문에 ADP가 된다. 만약 인산기가 남아 돌아가면 $\sim P$의 에너지는 크레아틴인산의 형태로 저장된다. 이를 '로만(Lohmann) 반응'이라고 한다. 저장됐던 크레아틴인산은 필요에 따라서 $\sim P$를 ADP에 주어서 ATP를 만들게 된다. 이러한 인산운반체는 동물에 따라서 아르기닌이 맡아보는 것도 있다. 즉, 아르기닌 인산으로 저장했다가 필요에 따라서 $\sim P$를 ADP에 주어서 ATP를 만든다. 이 두 가지 운반체의 분포를 보면 진화과정에 있어서 극피동물의 성게류(강)에서 전환이 일어나기 시작해 원색동물의 두 색류(강)에서 완성됐다. 이들의 분포를 보면 [표 5]와 같이 진화계열에 있어서 가장 하등인 원생동물과 해면동물은 두 가지 종류의 인산운반체가 결핍돼 있으나 강장동물부터 해삼류까지는 전부 아르기닌인산에 의존하며, 성게류, 거미불가사리류, 장새류는 아르기닌인산과 크레아틴인산을 다 같이 공유하고 있고 두색류와 척추동물

[표 5] 인산운반체의 분포
(Needham *et al.*, 1932, Baldwin & Needham, 1937)

동물 문 또는 강	아르기닌인산	크레아틴인산
원생동물	−	−
해면동물	−	−
강장동물	+	−
편형동물	+	−
환형동물	+	−
절지동물	+	−
연체동물	+	−
극피동물		
갯고사리류	+	−
불가사리류	+	−
해삼류	+	−
성게류	+	+
거미불가사리류	+	+
원색동물		
미색류	+	−
장새류	+	+
두색류	−	+
척추동물	−	+

에 이르러서는 크레아틴인산에만 의존하고 있다. 다만 미삭류는 진화계열에서 보면 두 가지 인산운반체가 있어야 할 위치에 있음에도 불구하고 예외적으로 아르기닌인산만을 갖고 있다. 이 종류는 콜로이드 삼투압이 높아지는 방향으로 진화하는 데도 예외적으로 낮고 또 동물계에는 없는 세포벽을 가지고 있으며 셀룰로오스를 갖고 있는 점도 특이하다. 미색류는 발생 도중에 척색이 나타나므로 고등인 원색동물에 포함시키고 있다. 그런데 생리학적 관점에서 볼 때 의문스러운 점이 많아 미시적인 자료로서 그의 계통학적 위치를 재검토해야 할 것 같다.

단백질을 산화할 때 발생하는 암모니아는 독성이 있기 때문에 동물에 따라서 우레아(urea, 요소)나 우르산(uric acid, 요산)으로 바꿔서 배출하는데 수중생활자는 암모니아를 그대로 배출한다. 한편 핵산대사에 기인하는 푸린염기인 아데닌과 구아닌의 분해산물은 동물에 따라서 분해 도중 산물을 배출한다.

푸린염기의 분해과정에 참여하는 일련의 효소군[그림 19]은 모든 동물에 있는 것이 아니고 동물에 따라서 그 중간산물을 배출한다. [표 6]과 같이 고등동물일수록 말단의 효소를 잃고, 하등일수록 푸린대사가 진행해 암모니아를 배출하는데, 사람은 우르산 이상 분해되지 않는다.

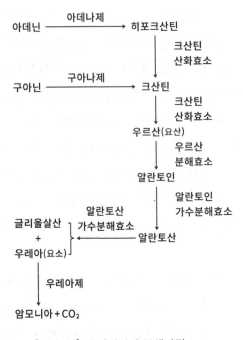

[그림 19] 푸린염기의 분해과정

[표 6] 푸린대사에 따른 배설물질의 분포(Florkin and Duchatiau, 1943).

우르산	사람, 그 밖의 영장류, 조류, 육상파충류, 원구류, 곤충류.
↓ 우르산 분해효소 알란토인	포유류(사람, 영장류 제외), 쌍시류, 복족류, 일군의 경골어류.
↓ 알란토인 가수분해효소 알란토산	연어과, 잉어과, 참장어과, 고등어과, 붕넙치과, Esocidae, 연골어류, 폐어류, 총기류, 양서류, 담수변새류.

↓ 알란토산 ↓ 가수분해효소 우레아	일군의 경골어류(Esocidae, 잉어과, 고등어과).
↓ 우레아제 암모니아	성충류, 해산변새류, 갑각류.

[표 7] 뇌 에너지 대사의 진화(박상윤, 1970)[19]

	어류	양서류	파충류	조류	포유류
산소소비량					
10mM포도당	–	–	+	+	+
10mM 글루탐산	–	–	±	+	+
글리코겐 함량	+	+	+	–	–
혈액-뇌 관문	–	–	+	+	+

　　척추동물의 뇌의 에너지 대사형을 보아도 진화계열에 따른 경향을 볼 수 있다. 뇌는 혈액-뇌 관문이 있어서 포도당과 같은 물질만이 백행에서 그때그때 공급되는데, 이 관문은 파충류 시대에 획득한 기능이며 어류나 양서류는 이 기능이 없다. 따라서 어류나 양서류는 저장된 글리코겐이 있고 파충류도 과도적으로 글리코겐을 저장하고 있다. 그러나 호흡 기질로서 포도당이나 글루탐산을 주었을 때는 파충류 이상에서는 산소소비량이 증가한 데 비해 어류와 양서류에서는 오히려 감소했다.

이것은 혈액-뇌 관문의 성립과 관계가 있는 듯하다. 혈액-뇌
관문은 체내에 발생한 독물질이나 불필요한 물질의 뇌 내 침
입을 방지하고 뇌가 독립적인 기능을 유지할 수 있도록 하는
진화된 기능이다.

---

1 *Mikroscopische Untersuchungen über die Übereinstimmung in der Struktur und dem Wachstum der Tiere und Pflanzen*(1839), Saunderschen Buchhandl., Berlin.

2 "Beiträge zur Phytogenesis", *Arch. Anat. Physiol. Wiss. Med.* (1838).

3 ① Florkin, M. and E. Schoffeniels, *Molecular Approach to Ecology*(1969), Academic Press, New York & London, pp. 203.
② Florkin, M., *A Molecular Approach to Phylogeny*(1966), Elsevier Publishing Co., Amsterdam.

4 아미노산이 펩티드를 형성할 때,

$$
\begin{array}{cccc}
(1) & (2) & (3)\cdots\cdots\cdots & (n) \\
\end{array}
$$

```
          (1)    (2)    (3)············(n)
          H H O H R₂     H      O H H O
          | | || | |     |      || | | ||
          H-N-C-C-N-C-C-N-C-······C-N-C-C-OH
   N-말단   |     | || | |        |   C-말단
          R₁     H O H R₃        Rₙ
```

와 같이 연결되기 때문에 중간에 있는 아미노산은 아미노기($-NH_2$)와
카르복시기($-COOH$)가 펩티드 결합을 하나 결합된 끝의 아미노산은
이 두 가지 기가 서로 유리된다. 이때 펩티드 사슬에서 $-NH_2$가 유리된
끝은 N-말단, $-COOH$가 유리된 끝은 C-말단이라 하고 N-말단부터

아미노산의 번호를 붙인다. 만약,

Lys·Asp·Asp·Leu······   처럼 표시된 것이면 왼편 아미노산이
N-말단의 방향이고,

Lys·Asp·Asp·Leu   처럼 →로 표시된 경우는 →의
        ↓   시작 부분이 N-말단의 방향이다.
······ Val ← Lys

5   Acher, R., "The Comparative Chemistry of Neurohypophyseal Morphology and Functions", *Sym. Zool. Soc.*, London, 9(1963), pp. 83~106.

6   ① Florkin, M., *L'Évolution biochimique*(1944), Masson, Paris.
② Florkin, M. and H. S. Mason. Ed., *Comparative Biochemistry, Vol. I~VII*(1960~1964), Academic Press, New York and London.

7   *Vergleichende Chemische Physiologie der Niederen Tiere* (1903).

8   An Introduction to Comparative Biochemistry(1937).

9   Florkin, M., *Unity and Diversity in Biochemistry*(1960), Pergamon, London.

10   Kluyver, A. J. and C. B. van Niel, *The Microbe's Contribution to Biology*(1956), Harvard Univ. Press.

11   "Gene evolution and the hemoglobin"(1961), *Nature*, 189.

12   일반적으로 비활성형인 선구효소(pro-enzyme)가 효소작용을 갖는 활성화효소가 될 때 펩티드가 유리되는 경우가 많다. 소의 트립시노겐은 229개의 아미노산 사슬로 돼 있는 단순단백질인데 엔테로펩티다제(enteropeptidase)로 활성화될 때 6개의 아미노산이 연결된 헥사펩티드가 유리돼 펩신은 223개의 아미노산 사슬이 된다. 이때 공간적 구조가 바뀜으로써 촉매작용을 하게 된다.
펩시노겐(분자량 M, W가 약 42,600)이 펩신으로 활성화될 때도 N-말단에서 42개의 아미노산이 유리돼 펩신의 M. W.는 34,500 정도가

된다. 키모트립시노겐은 트립시노겐과 상동적 구조를 하고 있고 246개의 아미노산 사슬로 돼 있는데 디펩티드 두 개가 유리되면서 활성화된다.

13 돼지는 Charles, M., Rovery, M., Guidoni, A. and P. Desnuell 등이 *Biochim. Biophys. Acta*(1963), 69, 115~119, 소는 Davis, E. W. and H. Neurath, *J. Biol. Chem.*(1955), 212, 515~529, 양은 Bricteus-Grégoire, S., Schyns, R. and M. Florkin, *Biochim. Biophys. Acta*(1966), 127, 277~279, 산양은 Bricteus-Grégoire, S., Schyns, R. and M. Florkin, *Arch. Intern. Physiol. Biochim.*(1968), 76에 각각 발표했다.

14 펩티드를 구성한 아미노산의 수에 따라서 2, 3, 4, 5, 6, 7, 8, 9, 10 ……의 아미노산이 결합했을 경우 각각 디-, 트리-, 테트라-, 펜타-, 헥사-, 헵타-, 옥타-, 노나-, 데카-펩티드라고 한다.

15 플라이스토세의 *Mercenaria mercenaria*의 조개껍질.

16 '종이 다르면서도 서로 형태적으로 유사하여 구별하기 곤란한 경우가 있는데 이는 생식적 격리가 작용한 것이다.' 메이어(Mayr, 1942)는 이러한 군을 자매종(sibling species) 또는 잠재종(cryptic species)이라고 했다.

17 박상윤·김상엽·염정주, "Immunological Comparison of Reptilian Plasma Albumins and Hemoglobins"(1977), 《한국동물학회지》, 20, 169~177.

18 high energy bond로서 ~P는 − Δ=8cal 정도이나 -P로 표시되는 것은 low energy bond로서 − Δ=3,000~4,000cal 정도이다.

19 박상윤, 「척추동물 뇌 에너지 대사형의 진화」(1970), 《성균관대과학기술연구소보》, 1, 43~51.

5

진화의 기구

진화를 설명하는 데 가장 설득력 있는 것은 실험적으로 진화를 일으켜 그 과정을 재현시켜 보는 것이다. 만일, 그것이 뜻대로 안 된다면 오늘날 일어나고 있는 진화의 사실을 포착해 그 요인을 규명하는 것이 바람직한 일이다.

영국에는 1845년까지 밝은 색의 나방만 있었는데, 그 해 맨체스터라는 공업도시 주변에서 어두운 색의 나방이 발견됐다. 그러나 당시에는 그 비율이 겨우 1% 정도에 지나지 않았다. 그러다가 1895년 맨체스터 주변의 집단에서 99%가 어두운 색인 나방으로 바뀌었다. 이런 경향은 다른 종의 나방에게서도 볼 수 있었고 미국의 피츠버그와 같은 공업도시 주변에서도 발견됐다. 이런 현상을 '공업암화'라고 한다. 이때 암색 나방은 밝은 색 나방의 돌연변이로 생긴 것이다. 이는 공업도시화에 따라 나무가 검게 변해 암색 나방의 생존율이 높아진 데

기인한다. 즉, 암색 나방이 새에 잡혀 먹히는 비율이 낮아져서 나방 집단의 체색과 관련한 유전인자의 비율이 변화하게 된 것이다.

1. 생물집단의 인자형 변화

진화의 매질은 집단이며, 진화 과정의 기본 재료는 한 집단의 개체들 중에 나타나는 유전적인 변이이다. 진화를 이끌어가는 힘은 한 집단의 유전적 변이에 작용하는 자연도태라고 말할 수 있다.

집단이란 한 지역 내에 살고 있는 동종의 무리를 말한다. 이러한 집단은 지리적으로 서로 떨어져 있기도 하다. 하나의 집단 내에서 동물은 서로 자유롭게 교잡할 수 있을 뿐 아니라 이웃 집단과도 교잡할 수 있다. 한 집단 내에서는 그 구성원들 사이에 성적 교류가 비교적 잘 일어나기 때문에 유전인자는 자유롭게 흘러 다닐 수 있다. 따라서 여러 세대를 지나는 사이에 한 집단의 모든 유전인자는 서로 섞일 수 있다. 그래서 한 집단에 있는 모든 유전자를 유전자 풀을 가진다고 한다. 따라서 한 집단이 이웃 집단과 생식적으로 접촉할 기회가 있으면 그 유전자 풀도 서로 연결된다. 이리하여 하나의 종 전체의 모든 유전적 내용물은 서로 섞일 수 있다.

진화는 집단의 유전자 풀을 통해 이루어진다. 유전적인 변이는 성적 재결합과 돌연변이로써 일어난다. 세대마다 유전

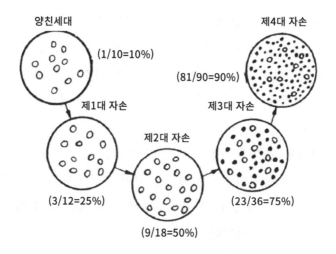

양친세대 (1/10=10%)

제4대 자손 (81/90=90%)

제1대 자손 (3/12=25%)

제2대 자손 (9/18=50%)

제3대 자손 (23/36=75%)

[그림 20] 특이생식, 즉 자연도태의 효과
어버이세대에서 한 개체(검은 점)가 변이했다 하고 한 개체는 세 개체의 자손을 남긴다고 생각한다. 변이하지 않은 개체(흰 점)는 1개체의 자손만을 남긴다고 가정한다.

인자의 재결합이나 돌연변이가 일어나므로 어떤 새로운 특질을 갖는 개체가 나타날 수 있다. 만약 이런 변이 개체들이 살아남아 자손을 갖게 되면 그 특질에 관계되는 유전인자는 그 집단의 유전자 풀 속에 있게 되고 여러 세대를 거치는 사이에 그 집단 내에 퍼지게 될 것이다.

이런 변이 개체의 번영은 자연도태에 의존한다. 만약 이러한 개체가 다른 개체들보다 많은 자손을 남긴다면 이러한 현상을 '특이생식'이라고 한다. 보다 많은 자손을 남기는 개체는 다음 세대에 가서 소수의 자손을 남기는 것보다 더 큰 비율의 개체수를 그 집단에 남길 것이다. 이러한 특이생식이 여러 세대를 거쳐 같은 방식으로 계속되면 많은 자손을 남기는 변이 개체는 점차 그 전체 집단의 대부분을 차지하게 될 것이다. 따라서 그것들의 유전계가 그 집단의 유전자 풀에서 우세하게 될 것이다.

대체로 환경에 적응하는 것이 더 많은 자손을 남긴다. 성적 재결합과 돌연변이로써 새로운 변이 개체가 나타나고 이것이 거듭되는 특이생식, 즉 자연도태에 의해 집단 속에 퍼짐으로써 진화가 이루어진다.

이는 유전자빈도의 점차적인 변화라고 말할 수 있다. 이는 여러 세대를 거치는 사이 집단의 어떤 유전인자의 비율은 증가하고 다른 것의 비율은 줄어드는 것을 뜻한다.

어떤 집단에 대립인자 A, a가 있다고 하면 이 집단에는 AA, Aa, aa의 세 가지 종류의 개체가 있을 것이다. 그 비율이 각각 AA가 36%, Aa가 48%, aa가 16%라고 하면 이때 A는 60%, a는 40%의 비율로 존재한다. 이때 교잡이 임의로 일어나고 모든 개체가 같은 수의 배우자를 만들며 A와 a의 돌연변이가 일어나지 않는다고 가정한다면 이때 그 세대에서 다음 세대로 넘어감에 따라 A와 a의 빈도는 어떻게 될까.

AA 개체는 전집단의 36%를 차지하므로 그 집단에서 한 번에 만들어지는 배우자(난자 또는 정자)의 36%를 공급할 것이다. 이 배우자들은 각각 유전인자 A 하나만 갖는다. 마찬가지로 aa 개체는 그 집단에 모든 배우자(난자 또는 정자)의

16%를 공급할 것이며 각 배우자는 하나의 배우자 a를 가질 것
이다. Aa 개체의 배우자는 48%이므로 A를 가지는 배우자가
24%, a를 갖는 것이 24%일 것이다. 따라서 이 집단이 한 번에
산출하는 배우자의 비율은 다음 A와 같고 수정은 네 가지 가
능한 결합방식으로 이루어지기 때문에 다음 B의 비율과 같이
새 세대는 세 가지 종류의 자손이 각각 36% AA, 48% Aa, 16%
aa로 구성돼 있으며 유전인자의 빈도는 각각 A가 60%, a가
40%로서 이전 세대의 비율과 똑같다.

	부모	배우자	부모	배우자
A.	36%AA	36%A	16%aa	16%a
	48%Aa	24%A	48%Aa	24%a
		60%A		40%a

	정자 난자		자손
B.	A + A	60×60	36%AA
	A + a	60×40	24%Aa
	a + A	40×60	24%aA
	a + a	40×40	16%aa

    즉 교잡이 임의로 이루어지고 돌연변이가 일어나지 않
으며 집단이 큰 경우 그 집단의 유전인자 빈도는 대대로 일정
해 변하지 않는다. 이는 1908년 하디(Hardy)와 바인베르크
(Weinberg)가 발표했으므로 이를 하디-바인베르크의 법칙이

라고 한다.

　이 법칙에 의하면 한 집단이 유전적으로 평형상태에 있어서 유전인자 빈도가 변하지 않을 때는 진화가 일어나지 않으며 진화율은 0이다. 그러나 실제로는 여러 요인에 의해 변화해 간다. 대립인자의 한 쪽이 다른 쪽으로 바뀌면 인자빈도도 바뀌기 때문에 당연히 인자 풀에도 변화가 일어나는데, 거기에 또한 새로운 평형이 생겨 그 이상은 변하지 않게 된다. 그러나 같은 돌연변이가 오랜 시일에 걸쳐 계속해서 일어나면 인자 풀도 크게 변한다.

　어떤 인자가 그 대립인자보다 자손에게 전달되는 기회가 적을 경우는 자연도태를 받는다. 예를 들면 많은 유전병 인자가 전달되기 어려운 경우가 있다. 이것은 젊어서 죽는다든지 또는 배우자를 얻기 어려운 것이 원인이 된다.

　한편 한 집단에서 다른 곳으로 이주한다든지 다른 곳에서 집단 내로 들어오게 되면 거기에 따라서 인자가 출입을 하게 돼 인자 풀의 비율이 변하게 된다.

　집단이 여러 개의 소집단으로 나뉘어 격리돼서 자유롭게 교배할 수 없게 될 때, 소집단마다 새로운 평형이 생겨 서로 다른 인자 풀을 가지게 된다.

　하디-바인베르크의 법칙은 무한에 가까운 다수의 개체로 된 집단인 경우는 적용되지만, 적은 수의 개체로 구성된 소집단에서는 환경조건이 일정하더라도 우연한 기회에 어떤 새로운 인자의 짝맞춤이 생길 확률이 많으며, 이 요인은 작은 집단의 진화에서 빼놓을 수 없는 요인이 될 수 있다. 이를 유전적 부동 또는 라이트(Wright) 효과라고 한다.

2. 종의 기원

새로운 종의 형성과정을 소진화라 하고 생물 사이에서 종 단계 이상의 차이가 생겨나는 것을 대진화라고 한다. 대진화 과정은 소진화의 기구로써 설명할 수 있다고 생각한다.

'종'이란 자연 상태에서 교잡에 의해 생식적 연락이 유지되는 집단이다. 또 같은 유전자 풀을 나누어 가지는 여러 집단의 한 모임이라고 정의할 수도 있다.

한 종의 유전자 풀 내부에서는 유전인자가 자유로 유통되지만, 두 종의 각 유전자 풀 사이에서는 유전적인 유통이 없다. 생식적인 장애가 종과 종 사이를 격리시키는 것이다. 따라서 종의 형성과정의 문제는 결국 이와 같은 생식적 장애가 어떻게 이루어지는가를 설명하는 데 있다. 그런데 일반적으로 생식적 장애가 생기기 전에 자매 집단 사이에는 지리적인 장애가 생기는 것이 보통이다.

한 종의 개체들은 여러 지역에 분산돼 있다. 그것들이 생식을 통해 사는 곳을 넓혀가는 동안에 여러 가지 환경에 부딪힌다. 여기에 진화의 힘이 작용해 어떤 유전인자형의 소유자는 환경에 적응해 살아남아 자손을 남기며 어떤 것들은 적응성이 없어서 멸망의 길을 밟게 되기도 하고 쇠퇴해 가기도 한다.

이 과정이 자연도태이다. 그러나 변화하는 도중에도 서로 교잡의 가능성이 있을 정도의 변화는 같은 종이며 이를 아종이라 한다.

갈라파고스에 살고 있는 핀치새는 섬마다 차이가 있다. 이것은 옛날에 남아메리카 대륙과 지리적으로 격리된 이후 대륙에서 건너온 이들의 조상종이 섬마다 별도의 진화를 이룬 결과다. 분포가 달라진 것이다.

격리는 생식시기가 맞지 않아서 생기는 경우가 있다. 같은 생육장소를 점유하고 있으면서도 생리적으로 격리된 것이

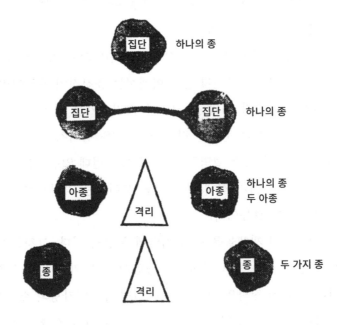

[그림 21] 종의 형성

다. 이처럼 지리적이나 생리적으로 두 집단 간에 교잡이 일어날 수 없게 되면 인자 풀은 제각기 독특한 구성을 가지게 돼 양자가 교잡을 해도 불임(不姙)이나 불임(不稔)이 되며 또 어떤 경우는 자식대는 생겨도 손자대는 생기지 않게 된다.

이러한 차이는 새로운 종이라 생각할 수 있고 장애가 없어지고 같이 혼합해 살더라도 이때는 잡종을 만들지 않는다.

이처럼 집단이 가진 인자 풀은 몇 개로 분리돼 상호 간에 교잡할 수 없는 상태가 돼 긴 세월이 흐르면 다른 종으로 고정되고 만다. 생리적 격리 이외에 지리적 격리로는 산맥, 사막, 하천, 해협 등이 있다.

지금까지 설명한 것을 요약하면 돌연변이를 통해 새로운 유전적 요소가 인자 풀에 가해져서 인자의 재조합 등에 의해 새로운 형질이 생긴다. 환경에서 오는 도태적 압력에 의해 자연도태가 이루어져 환경에 적합하지 않은 것은 도태되고 소멸되나 적자는 살아남아 더욱더 환경에 효율적으로 적응해 생존해 나가게 된다.

이 경우는 직선적이지만, 여기에 격리가 작용하면 다방향을 향해 신종이 형성돼 방산하게 되는데, 이를 적응방산이라고 한다.

6

인류의 진화

1. 사람의 분류학적 위치

사람은 포유강 영장목에 속하는데 영장목은 안경원숭이, 나무
타기쥐 등의 원원아목과, 진원아목의 둘로 가른다. 진원아목은
다시 비단털원숭이, 꼬리감는원숭이 등의 광비류와 오랑우탄,
고릴라 등의 협비류로 가른다. 또한 협비류는 긴꼬리원숭이,
개원숭이 등의 원숭이과와 긴팔원숭이류, 성성이류 등의 유인
원과와 사람과로 가른다.

유인원과에 속하는 동물은 기본 오랑우탄, 침팬지, 고릴
라 등이다. 이들은 나무 위나 땅 위에서 생활하고 땅 위에서는
허리를 굽히고 뒷다리로 바로 서며 앞다리는 뒷다리보다 길
고 꼬리가 없다. 침팬지는 아프리카의 중부와 서부, 적도 지방
에 있으며 주로 나무 위에서 살지만 땅 위의 집에서 살기도 한

다. 고릴라는 중부 아프리카에 있는데 주로 땅 위에서 살며 드물게 나무 위에서 산다. 이들은 다 같이 나무열매를 즐겨 먹는다. 침팬지와 고릴라는 골격이나 다른 기관의 구조, 태반의 구조, 혈청학적 검사결과 등 여러 가지 점에서 사람과 대단히 비슷해 사람과 대단히 가까운 유연관계가 있다.

사람과에 속한 인류 중에서 현재 살아 있는 것은 현대인인 호모 사피엔스 뿐이다. 사람은 유인원보다 더욱 땅 위 생활에 적응한 것이고 뒷다리만으로 바로 서며 걷기도 한다. 앞다리는 손으로 돼서 몸의 방어, 공격에 쓰이고 여러 가지 연장을 만들기도 한다. 뇌는 특히 발달해서 문명을 이룩할 수 있게 됐다. 사람과 유인원을 비교하면 [표 8]과 같이 요약할 수 있다.

[표 8] 유인원과 사람(현대인)의 비교

기관	유인원	사람
두개	600cc 이하	1,400~1,500cc
턱, 얼굴	크고 앞으로 돌출	작고 돌출하지 않았으며 얼굴은 거의 수직
턱 끝	없다	있다
팔과 다리	팔이 다리보다 길다	팔이 다리보다 짧다
발가락	엄지발가락을 다른 발가락과 마주 대할 수 있다	엄지발가락을 다른 발가락과 마주 대할 수 없다

현대인과 과거 화석인류는 [표 9]와 같이 몇 가지 속에 포함된다. [예 1]은 넓게 분류한 것이고, [예 2]는 조그만 특색도 별도의 종류로 분류한 것이다.

[표 9] 사람과의 분류례

[예 1]	[예 2]
과 *Hominidae*	속 *Ramapithecus*
속 *Ramapithecus*	종 *R. punjabicus*
종 *R. punjabicus*	속 *Australopithecus*
속 *Homo*	종 *A. africanus*
종 *H. africanus*	속 *Homo*
H. sapiens	종 *H. erectus*
	H. sapiens

표에서 [예 1]의 경우는 약 200만 년 전의 화석 인류인 오스트랄로피테쿠스(Australopithecus) 마저도 독립된 속으로 취급하고 있지 않고 호모(Homo)에 넣고 있다. 아프리카누스(Africanus)만 년 전에 살고 있었고, 사피엔스(sapiens)는 현대인인데 이를 같은 호모에 넣고 있는데 [예 2]에서는 오스트랄로피테쿠스를 독립된 속으로 하고 호모는 에렉투스(erectus)와 사피엔스로 가르고 있다.

2. 인류의 출현

다윈이 인류의 진화에 관한 그의 연구를 발표한 것은 《인간의 유래》[1] 또는 《인류의 기원》이다. 다윈이 발표할 때는 호모 네안데르탈렌시스(Homo neanderthalensis)의 화석이 하나밖에 발견되지 않았었다. 다윈은 이 책에서 이 화석에 대해서는 기록하고 있지 않으나 대단히 정확한 것을 기술하고 있다. 즉 '인류는 원숭이의 일족에서 갈려져서 진화한 것'이라 했고, 만약 사람의 옛날 화석이 나온다면 아프리카일 것이라고 했다.

헤켈은 하등생물에서 점차 사람까지 진화한 단계를 24개로 분류했다. 22단계에 유인원을 자리 잡게 하고 24단계에 인류를 배치했는데, 23단계는 공백으로 비워두었다. 이것은 피테칸트로푸스(pithecanthropus, 자바원인)를 상정했는데 이는 유인원과 인류를 연결하는 것으로 pithecus(원숭이)와 andropus(인간)를 합하면 원인(猿人)이 되는 셈이다. 이를 '잃어버린 고리'라고 한다. 다윈이나 헤켈은 다 같이 현재 살고 있는 고릴라나 침팬지가 인류의 조상이라고는 생각하지 않았다. 다만 이들이 옛적에 인류와 공동의 조상에서 갈려졌다고 생각했다.

뒤부아(Eugene Dubois, 1858~1940)는 자바의 트리밀[2]에서 인류화석을 발견해 헤켈의 피테칸트로푸스의 명칭을 그대로 사용했다. 이것은 약 30만~50만 년 전에 살았었다고 생각되며 환도뼈와 세 개의 이를 발견했고, 이후에도 같은 형의 환도뼈가 발견됐는데 뼈의 축과 관절면의 위치로 보아서 두 발로 바로 서서 걸었다는 것을 알았다. 이 직립이족보행은 인류의 중요한 특징이다. 그래서 피테칸트로푸스 에렉투스(Pithecanthropus erectus, 자바원인)란 학명을 붙인 것은 직립이족보행을 하기 때문에 속하는 인류의 것이고 더욱 키가 152cm 정도고 두개의 용량은 900~1,000cc이며 눈 윗부분이 튀어나왔다. 앞이마는 낮고 뒤로 경사졌으며 턱은 앞으로 나오고 턱끝이 없다. 두개의 두께는 10mm로서 현대인의 5.2mm보다 두껍다.

따라서 인류와 유인원과의 공동 조상은 보다 과거에서 찾아야 한다.

피테칸트로푸스가 30~50만 년 전 화석인데 오스트랄로피테쿠스는 약 200만 년 전 것이며 직립이족보행은 물론, 유치하지만 석기도 사용했다고 하니 인류의 기원은 더욱 오래된다.

유인원은 현재 아프리카의 고릴라와 침팬지, 동남아시아에 있는 긴팔원숭이, 또 보르네오, 수마트라에 있는 오랑우탄 등 크게 나누면 이 네 종류의 유인원이 있는 셈이다. 그러나 이들이 전부 같은 시기에 갈려진 것이 아니고 긴팔원숭이가 계통적으로 맨 먼저 갈려지고 이어서 오랑우탄, 마지막으로 고릴라와 침팬지가 갈려졌다고 생각한다. 즉 유인원이라 하더라도 고릴라와 침팬지가 인류에 가장 가깝고 인류와 유인원이 공통의 조상을 갖는다고 하는 것은 이곳에서 인류와 고릴라와 침팬지가 갈려져 나온 일종의 고대유원이라고 추정된다.

인도에 화석의 보고가 있는데 이곳에서 라마피테쿠스
(Ramapithecus)란 화석이 처음 발견됐다. 이는 오스트랄로피
테쿠스보다도 오래된 화석임이 밝혀졌는데, 이와 턱뼈만 보고
인류라고 하지만 직립이족보행의 증거는 없다.

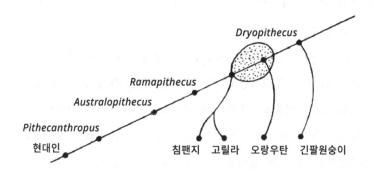

[그림 22] 유인원과 현대인의 출현 시기 비교

만약 이 라마피테쿠스가 인류라고 가정하면 맨 처음 약
30만 년 전에 인류의 조상을 발견했던 것이 뒤이어 약 200만
년 전으로 거슬러 올라갔고 이제 가장 오래된 약 1,500만 년
전의 인류의 조상을 발견한 셈이다.

3. 원시인류가 되기까지

맨 처음으로 인류를 동물계에 포함시킨 이는 린네였다. 그는
《자연의 체계》[3]에서 처음으로 사람을 호모 사피엔스로 분류했

다. 그때는 인류의 유래나 진화에 대해서 아무런 근거도 없었다. 그 후 다윈의 《종의 기원》으로써 '종'이 다른 종과 관계없이 독립적으로 생기는 것이 아니라는 사실이 명백해졌다. 헉슬리는 《자연계에 있어서의 인류의 위치》(1893)에 다윈사상을 기초로 해 유인원과 인류가 공통의 조상을 가졌다고 시사했다. 이러한 여명기를 거쳐서 인류 진화를 직접 증명한 것은 역시 화석인류의 발견이다.

1848년에 지브롤터(Gibraltar)에서 소위 '지브롤터두골'이라는 화석이 발견됐는데 그 당시엔 별로 화제가 되지 않고 지브롤터과학협회의 박물관에 보존돼 있다. 그 후 1856년에 독일에서 '네안데르탈인류'(Homo neanderthalensis)의 뼈를 발견했으나 뚜렷한 해석을 내리지 못 하고 있던 중 금세 기초 자바의 피테칸트로푸스와 네안데르탈인에 관한 연구가 진행됐고 이러한 종류의 화석이 속속 발견돼 현재는 '인류의 진화'에 대한 윤곽을 잡을 수 있게 됐다.

"사람은 원숭이로부터 진화했다." 이러한 말을 옛날부터 많이 들어왔지만 이는 진화개념이 직선적인 데서 나온 말이다. 사람과 원숭이는 공통의 조상으로부터 진화했다는 의미이고, 현재의 사람과 원숭이는 각각 특유한 형태로 분화하고 있다.

최초로 나타난 영장류의 화석은 약 7,000만 년 전 것이라고 생각된다. 현존의 다람쥐, 고슴도치, 두더지 등의 식충류와 비슷하지만, 의후류(擬猴類)의 여우원숭이와도 비슷한 점이 있어 영장류 중에서 가장 원시적인 것이라고 추정되고 있다. 그 후 많이 변화해 여우원숭이와 같이 수상생활을 하는 동물이 나타났다. 그리고 약 4,000만 년 전에는 여러 가지 형태의 여우원숭이와 안경원숭이의 조상형도 나타났다.

파라피테쿠스(Parapithecus) 진정한 의미에서 최초의 원시적인 원숭이가 출현한 것은 약 3,500만 년 전이다. 제3기 올리고세로서 파라피테쿠스라는 소형 원숭이가 있었다. 이집트의 파이윰(Faiyum)에서 발견된 아래턱뼈로 보아서 다람쥐원숭이 정도의 소동물인데, 안경원숭이의 특징도 있고 유인원에 가까운 형질을 구비하고 있어서 모든 원숭이류와 사람의 대표적인 공통 조상형이라고 생각된다. 파라피테쿠스속보다 한층 진보한 동물화석이 같은 파이윰지역 올리고세에서 발견됐다. 이것은 프로프리오피테쿠스(Propriopithecus)라고 하는데 파라피테쿠스보단 크고, 소형 긴손원숭이에 가까운 모습을 하고 있다.

프리오피테쿠스(Priopithecus) 다음 미오세에는 더욱 진화해 장래 유인원과 사람으로 갈려질 공통 조상이라고 생각되는 화석이 발견됐다. 이러한 공통조상은 당연히 미분화상태에 있기 때문에 현존의 유인원이 갖는 특수화는 없고 오히려 인류적인 특징을 갖는 듯하다.

프리오피테쿠스는 유럽, 아프리카 상부의 미오세에서 하부 플라이오세에 걸친 지층에서 발견됐는데 몸은 작고 긴팔원숭이의 조상이라고 추정되나 상지(上肢)가 오늘날의 것만큼 길지 않다.

드리오피테쿠스(Dryopithecus) 앞의 화석동물보다 대형인 것으로 드리오피테쿠스가 있다. 이 화석은 유럽, 아프리카, 인도 등지에서 발견됐으며 역시 상부 미오세에서 하부 플라이오세에 걸쳐 있다. 드리오피테쿠스에는 많은 종이 있고 이의 모양에도 변이가 크며 그중에는 침팬지, 오랑우탄, 고릴라와 유사한 것도 있다. 또 사지는 오늘날의 유인원보다 강대하지 않고 특수화한 정도로 작다. 이들 화석은 대형 유인원의 직접적인 조상이든가 적어도 이들 사이에 밀접한 관계가 있다고 생각된다.

특히 흥미로운 것은 프로콘술(Proconsul)이라는 화석인데 아프리카에서 발견됐으며, 완전한 한 개의 두골로 미루어보면 지금의 침팬지보다 약간 작고 안와상융기는 없으며 얼굴은 크고 강하게 앞으로 돌출하고 있다. 위턱의 치열은 지금의 유인원에서 볼 수 있는 U자형이 아니고 앞으로 향해 좁아져 있다. 그러나 송곳니는 유인원처럼 강대할 뿐 아니라 아래턱의 제일소구치는 부채모양이다. 특히 재미있는 것은 유인원은 아래턱 중앙부 뒷면에 소위 원붕(遠棚)이 있는데 이 프로콘술은 그것이 없다.

이상을 종합해 보면 이 화석은 사람의 진화와 관계가 있고 더욱 유인원과 비슷한 성질도 있어 이 양자의 공통 조상일 것이다.

라마피테쿠스(Ramapithecus) 인도의 플라이오세에서 발견된 라마피테쿠스는 위, 아래턱의 파편이 나왔는데, 이가 작고 형태도 유인원처럼 복잡하지 않다. 또 치궁(齒弓)은 U 자형이 아니고 호를 그리고 있는 것으로 보아 플라이오세의 인류라고 추정되고 있다. 또 아프리카의 케냐피테쿠스(Ken-yapithecus)도 이것과 같은 것인 듯하다.

오레오피테쿠스(Oreopithecus)　제3기 상부 미오세에 걸쳐서 살고 있던 영장류로서 많은 학자들은 이것을 사람과로 분류하고 인류의 직접적인 또는 대단히 가까운 조상형으로 보고 있다. 이 화석은 이탈리아 북부에서 다수 발견됐다.

키는 130cm 정도, 뇌 부피는 평균 400cc 정도로 침팬지와 비슷한 크기이다. 대구치의 전후경은 사람보다 길 뿐 아니라 이의 교두는 유인원과 비슷하고 송곳니는 다른 이보다 조금 높은데 이는 원숭이와 비슷하나 사람과 비슷한 점도 있다. 예를 들면 얼굴의 돌출은 유인원보다 약하고 치열은 전체적으로 U자형이 아니며 포물선형을 하고 있다. 또 개개의 이의 길이를 기초로 한 곡선은 유인원의 곡선군과는 거리가 멀고 앞뒤로 다소 넓기 때문에 이미 반직립의 자세로 걸을 수 있다. 이러한 사실들로 미루어 원숭이와의 공통 조상으로부터 이탈해 사람의 방향으로 유도하는 진화선 상에 있는 동물이라고 볼 수 있다.

4. 화석인류

사람의 진화는 생물학적으로 제3기가 시작될 무렵까지 거슬러 올라가서 추궁할 수 있으나 이때의 것은 진정한 인류라고 할 수는 없다. 직립이족보행과 도구를 만든다는 여건이 인류로서 최소한의 조건을 만족시키는 것이다. 초기의 인류라고 할 수 있는 것이 오스트랄로피테쿠스군이다.

오스트랄로피테쿠스(Australopithecus) 오스트랄로피테쿠스 아프리카누스(A. africanus)는 현재까지 알려진 인류 화석 중 가장 오래된 것이다. 1924년 아프리카 동남부 베추아날랜드(Bechuanaland), 타웅(Taungs)에서 발견돼 다트(Raymond A. Dart)에 의해서 보고됐는데 이것은 사람의 계열에 따라 진화해 온 원인이었다. 다트는 이것을 사람과의 하나의 속이라고 정의했으나 그 화석이 어린이였기 때문에 다트의 설은 격렬한 논쟁을 일으켰었다. 그런데 1936년에 브룸(Robert Broom, 1866~1951)이 성인의 두개골을 발견했고, 그 후 1년 사이에 8구나 발견했다. 오스트랄로피테쿠스 아프리카누스의 특징을 요약하면 머리 부피가 400~700cc 가량으로서, 이 부피는 유인원과 커다란 차이가 없으나 키가 122cm 정도, 체중이 45kg 정도로 몸의 크기가 작은 것을 고려하면 상당히 크다고 하겠다. 씹는 저작근이 발달하고, 소, 대구치가 모두 크고 견치가 송곳니의 모습을 하지 않은 점 등으로 미루어 육식 및 잡식이었다고 할 수 있다.

풀이 많은 초원지대에 살았으며 직립이족보행을 했다. 한편 돌이나 뼈로 기구를 만들어서 무장해 자기를 보호하고 사냥을 했던 것 같다. 파라피테쿠스는 1938년에 남아프리카의

크롬드라이(Kromdraai)에서 역시 브룸이 발견한 것으로 오스트랄로피테쿠스의 다른 형이라고 보고 있다. 남자의 체중은 약 63kg, 키는 153cm 정도이며 여자는 남자보다 작았다. 남녀 모두 뼈가 굵고 건장했으며 얼굴은 다소 뒤로 제쳐지고 눈썹 언저리는 튀어나왔으며 턱은 튼튼하게 생기고 뇌의 용량은 고릴라와 비슷하다. 오스트랄로피테쿠스류에는 이 밖에도 여러 종류가 발견됐는데 이들은 제3기 말 플라이오세 중엽에서 제4기 플라이스토세의 초기 및 중기에 이르기까지, 즉 90~50만 년 전까지에 나타났다. 이들은 직립보행하게 되면서 네 다리에 변화가 생겼고 또 치아의 형태도 크게 변하나 뇌의 크기는 그다지 변하지 않는 단계로서, 유인원과 고등 인류와의 중간 성질에서 인류편으로 변하기 시작한 것이라 생각된다.

플라이스토세 중기에는 원인류가 뚜렷한 인류로 출현하는 시기로서 오스트랄로피테쿠스류의 일부는 절멸해 인류의 선조가 되지 못한 것이 아닌가 추정된다.

원인 제4기 플라이스토세 중기, 즉 40~20만 년 전 지구에는 '원인'이라고 하는 원시적 인류가 살고 있었다. 머리의 높이가 낮은 점은 침팬지와 비슷하나, 뇌 부피는 700~1,300cc나 돼 현존 인류에 대단히 가까워졌다. 그러나 원숭이류와 형태적으로 흡사한 점도 현저하다.

원인은 네덜란드 젊은 해부학자 뒤부아가 자바에 있는 솔로강(Bengawan solo)의 트리 밀에서 나온 것을 피테칸트로푸스 에렉투스[4]라고 명명했다. 이 화석에 대해서 소수학자는 원인설을 주장하고 있는가 하면 대부분의 학자는 인류설 또는 중간설을 주장하고 있다.

　현재는 피테칸트로푸스는 대체로 인류설(원인이라는 설)로 기울어지고 있으나 그렇지 않다 하더라도 이 화석은 엄연히 인류기원 문제에 있어서 영원히 귀중한 공헌을 한 것이다. 피테칸트로푸스가 진화의 결정적 영향을 받은 것은 직립보행이며, 따라서 팔을 써서 여러 기구를 만들었다. 팔의 사용은 원시적이었으나 지성을 작용시킬 수 있게 됨으로써 인류는 세제 정복에 제 1보를 내딛게 됐다. 이 원인이 불을 사용했었는지는 분명치 않으나, 인류문화의 최고(最古)를 대표하며 구석기시대의 첫 단계에 위치함은 사실이다.

　1927년부터 1937년 사이에 중국 주구점(Choukoutien) 부근에서 대규모로 혈거하던 유적에서 완전한 형태를 보유하고 있는 두개골을 비롯, 40명 가량의 뼈의 파편, 100개 이상의 치아, 사지의 뼈 등을 발견했다. 이것이 북경원인(Sinan-thropus pekinensis)이다. 이 화석은 난지(暖地)를 즐기는 동물의 뼈와 함께 발굴됐으며, 이는 이 원인이 플라이스토세 제1 간빙기 또는 제2 간빙기에 생활했었다고 추정된다.

　북경원인은 추정 신장이 150~160cm이며, 크고 두꺼운 안와상융기, 두꺼운 두개골 등은 원시적 특징이다. 그러나 완전 직립보행, 치극이 없고, 약간 둥그스름하고 편평한 이마, 최대 1,000cc 이상의 뇌 부피 등 다소 진보적 특징도 가지고 있다. 더욱 그 유적에는 솥을 걸었던 흔적, 탄뼈 등이 있어 불을 만드는 방법을 알고 있었을 뿐 아니라 이용할 줄도 알고 있었음을 말해준다. 이처럼 불을 사용한 것은 시난트로푸스가 피테칸트로푸스보다 우월한 점이다. 이 밖에도 시난트로푸스는 여러 기구를 만들어 쓰고 있었다. 즉 골각기, 원시적 석기(주구점식 석기) 등이 함께 발견됐으며 실로 인류라고 할 수 있는 단계에 도달했음을 알 수 있다.

독일의 하이델베르크(Heidelberg)에서 10km가량 동남쪽에 위치한 엘젠츠(Elsenz) 유역에 마우어(Mauer)라는 건축에 쓰기 위해 사암에 노천굴할 때, 1907년 10월 완강한 아래턱뼈를 발굴했다. 슈텐사크(O. Schötensack)는 1908년에 당시 발견됐던 네안데르탈인(Homo neanderthalensis)의 아래턱뼈와 비교할 때 그 완강성(원시성)이 이와 동일군에 편입할 수 없을 만큼 원시적이었으므로 호모 하이델베르겐시스(Homo heidelbergensis)라고 이름지었는데 이것도 원인에 속한다.

또 아프리카의 에야시(Eyasi)호 및 니야라사(Njarasa)호 지방에서 3~4개의 두개골에서 나온 것이라고 추정되는 200개 이상의 골파편이 발견됐다. 바이너트(Weinert) 교수가 이를 연결해 하나의 두개골로 복원했더니 시난트로푸스와 흡사했다. 이는 아프리칸트로푸스 니야라센시스(Africanthropus njarasensis)라고 명명했고 후기 플라이스토세의 것으로 생각되며 원인에 속한다고 하겠다.

또 아람부르그(C. Arambourg) 등에 의해 1954년에 북아프리카의 중기 플라이스토세 지층에서 발굴된 아트란트로푸스 마우리아니쿠스(Atranthropus maurianicus)도 원인에 속한다. 이들은 수부석기(手斧石器)를 사용하고 있었으며 또 석영, 부싯돌(수석, 석회석) 등으로 만든 원시적 기구류 등이 함께 발견됐다. 이들 석기는 중기 플라이스토세 초엽, 당시 온화한 지방 일대에 걸쳐서 사용되던 형적이 있다. 이같이 당시 인류의 선조가 광범위하게 분포됐던 것이 명백하다.

한편 피테칸트로푸스 에렉투스가 출토된 것보다 고층(古層)에서 메간트로푸스(Meganthropus), 호모 모조케르텐시스(Homo modjokertensis)가 출토됐다.

후자는 두개골이 저평(低平)해 첨궁형(尖弓形)을 하고 있어 원시성을 나타내고 있으며, 전자는 뼈가 두껍고 치아의 크기가 심한 인류들이다. 이들은 중국에서 발견된 기간토피테쿠스(Giganthopithecus, 현재 유인원이라 보고 있다)라고 하는 더욱 큰 화석과 더불어 '인류의 조상은 거인이었다'라는 설이 나오게 된 근거가 되고 있다.

원인은 조상에서 나누어진 단계, 즉 참된 의미에서 사람으로 향하는 진화의 초기 단계를 만들고 있다.

구인　초기 구석기 시대를 통해 전 세계의 넓은 지역에는 호모 네안데르탈렌시스형의 인류, 즉 구인(舊人)이 살고 있었다. 1856년 여름, 독일 라인강 하류 뒤셀도르프(Düsseldorf)의 교외 네안데르탈이란 곳에서 석회암을 채굴할 때 발견한 것으로 실로 이것이 '최초의 인류'인 것이다. 킹(W. R. King)이 명명한 이 네안데르탈인의 발굴은 다윈의 진화사상이 발표되기 이전이기 때문에 그 해석도 각각 달랐다. 그 후 이와 유사한 뼈가 최후 빙기인 뷔름(Würm) 빙기의 초엽 및 바로 그 전기인 제3 간빙기에 속하는 지층 여기저기에서 많이 발견됨에 이르러, 결국 인류의 고형(古型)이라고 보게 된 것이다. 즉 20세기 초엽에 이르러서야 겨우 '인류의 고형'이라는 설이 제자리를 차지하게 됐다.

네안데르탈인의 특징을 보면 신장은 155~160cm가량으로 작은 편이며, 두개골의 부피는 약 1,230cc로서 크지만 아직 저두(低頭)이고 길며 미상부(眉上部)나 후두부는 유인원에서 볼 수 있는 원시형이 남아 있다,

이들은 수렵을 했는데, 그 도구는 모두 돌과 뼈의 파편 등으로 만든 무기를 사용했다. 부싯돌은 공작하기 쉽고 형용잡기가 쉬워서 많이 사용한 것 같다. 또 불을 만드는 방법을 알아서 불을 사용하고 있었다. 이들은 집단으로서 공동수렵을 했으며 공동생활을 영위했다. 그러기 위해서 간단한 부르짖음으로 어떤 개념을 나타내는 단순한 단어를 발성할 수 있었으며 점차 단어의 수가 늘어나고, 표현도 풍부해졌으며 복잡해져서 간단한 언어가 사용돼 또 한번 결정적인 인류로의 한 걸음을 내딛게 됐다. 즉, 네안데르탈인은 직립보행, 팔의 자유화, 기구의 제작, 불의 사용, 언어 사용, 지배 등 인류의 위업을 달성했던 것이다.

구인들은 아프리카, 유럽, 아시아 등 각지에 넓게 분포해 있고, 빙하시대 후기에 보편화돼 퍼져 있는 인류였다. 그러나

자세한 연구에 의하면 구인들 간에 미묘한 차이가 있음이 알려진다. 그들이 생활하고 있었던 15~5만 년 전까지 기간 동안 전반은 따뜻했으나 후반은 심히 추웠다. 네안데르탈인도 추웠던 후반에 생활했던 것은 전형적 구인의 형을 하고 있으나, 전반에 생활했던 네안데르탈인은 진보적이고, 저두의 도가 낮고, 안와상융기가 미간에서 양분되는 경향을 가졌다. 이처럼 구인형을 하고 있는 것은 네안데르탈인과 크라파나(Krapana)인이 이에 속한다. 크라파나는 1892년에 발견된 20명 이상의 구인형 인골이다. 이들은 서로 잡아먹는 식인의 습관이 있었던 것 같다.

진보적 형의 네안데르탈인에 속하는 것으로는 1905~1912년 사이에 발굴된 프랑스의 라키나(La Quina) 및 1905년에 라샤펠로생(La Chapelle-aux Saints)에서 발굴된 구인 및 독일의 슈타인하임(Steinheim)에서 1933년에 발굴된 구인, 1929년에 이탈리아 로마에서 발굴된 것, 영국의 스완즈컴(Swanscome)에서 발견된 것들은 네안데르탈형의 인류다. 이 밖에도 네안데르탈형 인류로서 1885년에 벨기에 나무르(Namur) 주스페(Spy), 1848년에 에스파냐 지브롤터에서 발굴된 것 등이 있다. 이 밖에도 여러 지방에서 출토됐다.

아메리카 대륙에서 최초로 발견된 것은 구석기 시대인(Homo sapiens fossilis)으로서 15,000~10,000년 전 중기 석기시대에 아메리카 대륙으로 건너간 것이 아닌가 생각된다. 한편 오스트레일리아에는 네안데르탈인의 흔적이 없다.

구인과 신인의 특징을 아울러 가지고 있는 이행형도 있다. 예로서 '스쿨홀'인 및 '호도'인 등을 들 수 있다.

<u>신인</u> 현생인류와 같은 신인. 화석현생인류가 지상에 처음 나타난 것은 뷔름 빙기의 최초 한기가 끝나고서였다. 이 신인은 뼈의 근육 부착 부위가 심히 발달해, 뼈에 강한 흔적을 남기고 있는 것을 제외하면 현생 인류와 거의 다를 것이 없는 인골이며, 뇌 부피도 현대인과 같다.

이 신인의 대표적인 것은 1886년 프랑스의 도르도뉴 (Dordogne)의 에지(Eyzies)에 있는 크로마뇽암의 동혈 속에서 발굴된 '크로마뇽'(Cro-Magnon)인이다. 이 동혈 속에서 3명의 남자, 1명의 여자와 1명의 어린이를 발견했는데 이 유골은 후기 구석기시대의 최초 표본으로 유명해졌다. 역시 신인을 대표하는 것으로 '그리말디'(Grimaldi)인, '샹슬라드'(Chancelade)인 및 북경의 '상동인' 등을 들 수 있다.

그리말디인은 리비에라(Riviera)의 멘토네(Mentone) 부근 동혈에서 발굴한 뼈이다. 이것이 오늘날 흑인의 신체적 특징을 가지고 있으므로 흑인종으로 분류하고 후기 석기시대 초엽에 아프리카에서 남프랑스로 이동한 그리말디인일 것이라고 본다.

샹슬라드인은 남프랑스 샹슬라드에서 1886년 위의 두 신인의 형과는 다른 별종형의 인골이 발견된 것을 가리키는데 키가 작고(평균 150cm 이하) 머리는 길고 높으며 얼굴도 길고 폭이 넓으며 관골(觀骨)은 돌출했다. 눈구멍은 크며 사각형 모

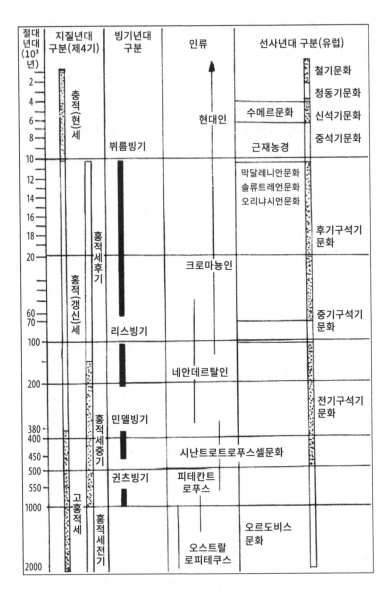

[그림 23] 제4기의 연대구분과 인류의 문화

양을 하고 팔뼈는 비교적 길고 완강하며 근육이 발달했음을 보여주고 있다. 막달레니안(Magdalenian) 문화기에 속하는 인류이다. 북경 상동인은 북경원인과 흡사하면서 현대의 몽고인종과 유사한 형태를 하고 있는 신인이다.

이들 빙하시대의 신인들은 후기 구석기시대의 초기인 오리냐시언(Aurignacian) 문화기에 들어가면서, 그 유골들이 앞에 설명된 인류와는 아주 다른 신체적 특징을 나타내게 된다. 즉 고도의 형, 즉 인종적 특징이 발달된다. 즉 흑인, 백인, 몽고인, 오스트레일리아인 등의 종족 특징이 각각 나타난다. 그리고 두개골은 크고 모양이 좋아지며 높고 넓고 내솟은 이마가 되는데, 얼굴은 동물적 특징이 없어지고, 구부(口部)도 부리처럼 쑥 나와 있지 않으며 턱이 발달해 내솟아 있다. 인체의 몸매와 수족뼈의 길이의 비율이 현생 인류와 같아진다. 그래서 인류의 선사적 발달은 새로운 단계에 들어가며 현생 인류와 같은 용모를 갖게 됐다. 이것이 구석기시대인이다.

신인은 또 네안데르탈형 인류에 있어서보다 넓게 분포돼 사회적, 경제적, 문화적으로 큰 진보를 하게 됐다.

5. 사람까지 진화한 과정

인류 진화의 과정이 분명한 것은 아니지만 지금까지의 여러 사실들로 미루어서 현존 인류까지의 진화 과정을 복원해 볼 수는 있다. 즉 제3기의 트리오피테쿠스(Triopithecus)형 동물로 추측되는 어떤 유인원적 동물에서 제4기 초까지에는 오스트랄로피테쿠스형 인원으로 진화했으며, 다음 제2기와 제3기 사이에는 피테칸트로푸스형과 시난트로푸스형 원인으로 진화하고 플라이스토세 후기는 네안데르탈형 구인의 단계를 거쳐, 후기 석기시대 초엽에는 신인, 즉 현 인류인 호모 사피엔스로 진화했다고 본다.

물론 화석 인류, 즉 인원, 원인, 구인이 우리의 직접적인 선조일 수는 없고 다만 현존인은 진화과정에서 이들과 비슷한 형의 각 단계를 밟아온 것이다.

인류 진화 과정의 중간, 즉 원인, 구인, 신인의 형을 거치는 설에 대해서는 이론이 없으나 현대인의 직접적인 선조는 무엇인가에 대해서는 이론이 있다. 즉 원인 중에서 네안데르탈(Neanderthal)인의 전형적인 형은 지나치게 특수화했으므로 도태되고 난기(暖期) 구인, 즉 진보적 네안데르탈인만이 현 인류의 선조라고 생각하는 이도 있다.

한편 스쿨홀인, 호도인, 기타 여러 인골은 구인과 신인의 특징을 아울러 가지고 있는 예다. 아마도 이러한 신인적 특징을 많이 가지고 있는 구인이 점차 전형적 구인을 압박해 지상의 승자로서 진화한 것이 아닌가 추정된다.

---

1   원제는 《인간의 유래와 자웅에 의한 도태》(*Descent of Man, and Selection in Relation to Sex*, 1871, 1874).

2 Trimil

3 *Systema naturae*(1735).

4 뒤부와, 《직립원인 — 인류적 과도형》(*Dubois, E., Pithecanthropus erectus, ein menschenähnliche Übergangsform*).

7

우리나라에 미친 진화사상[1]

서양에서는 진화론이 종교계에 던진 파문이 무척이나 컸다. 그러나 동양에서는 그들과는 다른 신관(神觀)과 세계관을 갖고 있었기 때문에 별다른 반론이 없었다. 생존경쟁과 적자생존의 사상이 그 기본원리라고 여기고 쉽게 받아들였다. 그리하여 진화론은 부국강병을 정당화하고 민족주의를 뒷받침하는 이론으로 발전하게 됐다.

구한말에 나라가 멸망의 위기에 처하게 되자 우리나라에는 애국계몽운동이 대대적으로 전개됐다. 이 운동은 근대적 의식을 가진 국민 대중을 기반으로 해 일어났다. 이 운동은 한일 간에 을사조약이 체결된 이후인 1905년 말에서 1908년 사이에 절정에 이르렀다.

이러한 운동은 사회 및 정치정세에 관계가 있었지만 그 기반을 이루도록 영향을 미친 것은 진화사상이었다. 광화학교[2]

의 송축가에도 '생존경쟁'의 사상이 담겨있다. 즉,

우리 학도들은[3]
(…)
이금(而今) 세계(世界) 하시대(何時代)뇨
경쟁열강(競爭列强) 대치(對峙)로다
우승열패(優勝劣敗)[4] 고연(固然)하니
개인진취(個人進就) 안할손가
(…)

서우학회를 조직할 때(1906년 7월)의 취지문[5] 첫머리에서도 진화사상을 엿볼 수 있다. 즉

범물(凡物)이 고(孤)하면 위(危)하고 군(群)하면 강(强)하며 합(合)하면 성(成)하고 리(離)하면 패(敗)함은 고연지리(固然之理)라 신금세계(矧今世界)에 생존경쟁(生存競爭)은 천연(天演)[6]이오 우승열패(優勝劣敗)는 공례(公例)라 (…)

진화론은 다윈의 《종의 기원》을 의미하는 것으로서 이는 동식물계에서 확립된 학설이다. 그 후 철학자 스펜서(Herbert Spencer, 1820~1903)와 헉슬리는 다위니즘을 인간사회에 적용시켜 사회진화론(Social Darwinism)을 성립시켰고 이는 곧 사상계에 커다란 영향을 주었으며 원전(原典)인 다윈의 생물진

화론(Organic Darwinism)보다도 일반의 관심을 끌었었다.

우리나라에서 진화사상을 받아들이기 시작한 것은 1880년대부터이다. 이는 일본을 통해 그 내용을 어느 정도 흡수한 것이다. 그 대표적인 사람이 유길준[7](1856~1914)이라고 한다. 그러나 그의 저서 《서유견문》 제12편 「학술내력」에 소개된 생물학자들을 보면

咸發姤(함발구) 함볼트 日耳曼國人(일이만국인, 게르만인)
趜比茹(규비여) 큐비여 佛蘭西人(불란서인, 프랑스인)
鶴瑟禮(학슬례) 학슬레
毛御秀(모어수) 모어스 合衆國人(합중국인, 미국인)
何伊土(하이토) 하이에트

이들 생물학자 중에는 모어스(모스, E. S. Morse, 1838~1925)같은 생물진화학자가 있기는 하나 정통진화학자인 라마르크나 다윈의 기록이 없고 또 그들의 선구적 진화학자[8]도 없는 것으로 보아 유길준은 올바르게 진화사상을 받아들이지 못하고 다만 직선적인 발전과정만을 모스로부터 체득한 듯하다. 그는 인류의 진보가 미개(야만)→반개→문명의 방향을 취한다고 했다. 이로 미루어 진정한 진화사상을 이해하고 있지 않은 듯하다.

당시 일본 사정을 살펴보면 마츠모리 타네야스(松森胤保)의 《구리사언》(求理私言, 1875)에서 생물진화를 다룬 것이 최

초의 일이며, 체계적인 소개는 미국의 모스가 1878~1879년 사이에 동경대학에 머무르면서 강의한 것을 필기해 이시카와 지요마츠(石川千代松, 1861~1935)가 번역해《동물진화론》(1883)을 간행한 것이 처음이다. 그 후에《진화신론》(進化新論, 1891)을 간행했었다. 이 무렵까지 다윈의《인간의 유래》,《인조론》, 스펜서, 바이스만, 헉슬리 등의 저작물이 번역됐었으나 다윈의《종의 기원》은 1896년에 타치바나 센자부로(立花銑三郞)가《생물시원 또는 종원론》이란 제명으로 번역한 것이 최초였다. 1904년에는 오카 아사지로(丘浅次郞, 1868~1944)가《진화론강화》를 저술했는데 이는 1940년대까지도 널리 읽혔을 뿐 아니라 사회 사상면에서도 크게 영향을 미쳤다. 이 시카와(石川)나 오카(丘)도 단순한 생물학설로서 소개된 것만이 아니고 사회적·사상적 함축성을 가지고 논의됐다. 특히 오카는 진화론에 기초를 둔 사회관이나 인생관을 광범위하게 전개했다. 이어지는 세대에서 고이즈미 마코토(小泉丹)는 진화론을 생물학 문제에 한정해 주저《진화학서강》(進化學序講, 1933)을 펴냈다.

　일본에 있어서 진화론이 사회사상에 영향을 미치기 시작한 것은 이미 1880년대 초반부터이고 모스가 동경대학에 초빙됐지만 그도 스펜서의 유파로서 사회진화론의 영향을 받고 있었다. 당시 동경대학 총장으로 있었던 가토 히로유키(加藤弘之, 1836~1916)마저도 '천부인권설'을 주장하여 민권사상을 지지했으나《인권신설》(人權新說, 1882)에서 태도를 바꾸어 자연선택설, 생존 경쟁을 불가피한 것으로 보고 우승열패를 사회의 원리로 보게 됐다. 또 1878년부터 일본에서 오래 머물고 있었던 미국 철학자 페놀로사(E. F. Fenollosa, 1853~1908)도 스펜서류의 진화론을 보급했다.

사회주의자들은 진화론을 비난했지만 오스기 사카에(大杉榮)는 《종의 기원》을 번역했고, 무정부주의자 이시카와 사부로(石川三郎)도 《비진화론과 인생》(1925)을 저술했으나 사회를 진화론적으로 인정하지 않았다.

생물진화론에 있어서도 이시카와 지요마쓰의 저작은 '국가유기체설'을 펴고 있었고 오카 아사지로는 '생존경쟁'은 국가와 민족, 기타의 단체 사이에 있는 것이라고 보아 그의 평론집 《진화와 인생》(1911)에서는 이러한 사상이 현저하다.

우리나라에서 진화사상을 받아들인 것은 1880년대부터이며 유길준이 모스나 후쿠자와 유키치(福澤諭吉, 1835~1901)의 지도를 받고 진화의 개념 정도는 알고 있었을지 모르나 단편적인 지식이었음에 틀림없다. 그러나 1880년을 전후해 일본에서는 많은 진화 서적이 간행됐고[9] 우리나라 지식인들은 이를 받아들였는데 유길준의 경우는 직선적인 발전과 경쟁에 대한 개념을 인식했던 것 같다.[10]

진화론을 옳게 받아들이기 위해서는 생물학적 기초가 절대적으로 필요한 것이지만 당시의 일본이나 우리나라에 생물학다운 학문이 존재하지 않았기 때문에 자연과학적인 면보다는 사회과학적인 면이 먼저 받아들여질 수밖에 없었다. 이러한 일은 1900년대에 들어와서도 마찬가지였다. 그러나 진화론을 흡수한 지 10년 후에는 국내적으로 동학란, 갑오개혁 등으로 통치질서가 무너져 혼란에 빠져 있었고 한편으로는 제국 열강의 각축 무대가 돼 영토 분할의 위기에 직면하게 된 환경에서 사회진화론이 크게 어필할 수 있었다.

1880년대에는 일본 사람의 번역서 또는 저서를 통해 진화사상을 받아들였지만 1900년대에는 중국 사람이 쓴 글을 통해서 본격적으로 받아들였다. 중국에 진화론이 소개된 건 청일전쟁 뒤 사상가 옌푸(嚴復. 1853-1921)가 헉슬리의 《진화와 윤리》(Evolution and Ethics and Other Essays)를 《천연론》[11](1898)이란 이름으로 번역한 이후다.

우리나라 사람으로 시인 김택영[1850~1927, 자 우림(于霖), 호 창강(滄江)]은 옌푸가 진화론의 번역을 마쳤을 때 그에게 시 3수를 보냈는데 그중 제1수는

중엄기도삼수(贈嚴幾道三首)[12]
수장한송작경사(誰將漢宋作經師)
학술여금우전이(學術如今又轉移)
황포야래강귀곡(黃浦夜來江鬼哭)
일편천연역성시(一編天演譯成時)

누가 옛 문화를 스승으로 삼느냐[13]
학술이 오늘날은 또 바뀌었네

황포 밤에 강귀신이 통곡하니
그대가 진화론을 번역해 마쳤던 때라

  옌푸의 《천연론》은 원문을 의역했을 뿐 아니라 절마다 또 2~3절에 걸쳐서 '복안'(復案)이란 글이 있는데 이는 자기의 생각을 말한 것이고 때로는 중국의 실정을 개탄하기도 하고 스펜서의 설을 빌어서 헉슬리의 주장을 비판하기도 했다. 옌푸의 천연론은 우리나라에 들어왔으리라고는 생각되나 그보다는 진화론을 흡수한 량치차오(梁啓超, 1873~1929)의 글이 더욱 큰 영향을 미쳤을 것이라고 생각된다. 그것은 량치차오가 일본으로 망명해 1898년에 요코하마에서 잡지 《청의보》[14]를, 1902년부터는 《신민총보》[15]를 발간해 본국의 구사상에 경종을 울리고 신사상의 보급에 힘썼기 때문이다. 한편 량치차오의 활동은 우리나라에도 널리 퍼졌고 우리나라 지식인들은 옌푸의 《천연론》보다도 더욱 많은 영향을 받았다. 그의 《청의보》는 인천과 서울에 보급소가 있어서 발간되는 대로 우리나라 지식인들에게 읽혀졌다. 《천연론》, 《청의보》, 《신민총보》 등이 우리나라에 들어옴으로써 우리나라 지식인들이 진화론의 내용을 본격적으로 흡수하게 됐다. 그리고 이것이 개화파들의 기본 철학으로서 활력소가 됐다. 량치차오의 글 중에서 널리 읽혀지고 또 크게 영향을 주었던 책은 《음빙실문집》(1903)[16]이었다. 량치차오의 문집 중에는 루소(Jean Jacques Rousseau, 1712~1778)의 《민약론》의 사상도 들어 있지만 진화론이 중심을 이루고 있다. 그는 옌푸의 초고를 빌려 등사할 정도로 진화론에 관심이 깊었고 「신민설」에 들어 있는 「론진보」에서 "진화야말로 천지의 공례인데 그동안 중국이 진화를 하지 못하고 정체에 빠져 있는 원인을 찾아야 된다."라고 했다. 그는 다윈학설 중에서 우승열패(생존경쟁)와 물경천택(적자생존)을 공식으로 삼아 국민들을 각성시키려 했다. 《음빙실문집》 하권에는 진화론을 직접 소개한 글, 즉 《신민총보》 2~5호에 걸쳐 실린 「민족경쟁의 대세에 관해」(論民族競爭之大勢), 3호에 실린 「진화론 시조 다윈의 학설 및 약전」(天演学初祖达尔文之学说及其略传, 다윈의 이론과 그의 간략한 전기) 18호에 실린 「진화론 혁명가 키드의 학설」(進化論革命者頡德之學說) 등의 글들이 수록돼 있다. 1900년 초엽에는 진화론을 소개하는 글들이 여러 잡지나 신문에 실려 일반인들에게 읽히게 됐고 생존경쟁, 우승열패 등의 술어는 보편화됐다. 그중에서 잡지에 실린 것 몇 가지를 들어본다.

장응진 | 진화학상 생존경쟁의 법칙.
　　　　태극학보, 4호(1906. 11. 24)
조종관 | 동물의 진화론. 공수학보, 창간호(1907. 1. 30)
박유병 | 진화론. 동상, 2호(4. 30)
구자학 | 생존경쟁. 동상, 5호(1908. 3. 30)
윤태영 | 진화론대의. 야뢰, 5호(1907. 6. 5); 동 6호(7. 5)
윤효정 | 생존의 경쟁. 대한자강회월보, 11호(1907. 5. 25)

원영의 | 정치의 진화. 대한협회회보, 1권 5호(1908 7. 25);

동상, 7호(10. 25); 동상, 8호(11. 25);

동상, 9호(12. 25); 동상, 10호(1909. 1. 25);

동상, 2권 1호(2. 25); 동상, 2호(3. 25)

김영기 | 적자생존. 대한흥학회, 창간호(1909. 3. 20)

나홍석 | 사회 진화의 원칙을 논하여 우리 지사 동포를

위로하자.(論 社會進化之原則하여 以慰我志士同胞.)

동상

강하형 | 진화의 원인(進化之由). 교남교육회잡지,

2권 10호(1910. 2. 25); 동상, 11호(3. 25)

이수삼 | 동물진화의 개의. 보중친목회보, 1호(1910. 6. 10)

이상에서 《태극학보》와 《공수학보》는 일본 유학생들이 간행한 것이었고 그 밖의 것은 국내 학회에서 간행한 잡지였다. 이는 국내외를 막론하고 진화론에 관심이 있었음을 말해준다. 그러나 그 내용은 수준이 낮고 계몽적인 것이었다. 또 생물학적인 것도 있지만 대부분이 사회진화를 다루고 있다.

석주(石洲) 이상룡은 안동 사람으로 1907년에 안동에 대한협회의 지회가 조직됐을 때 회장이 돼 그 지방 사람들에게 매월 2회씩 시국강연회를 개최했었는데, 《진화집설》은 그때 발표한 내용이라고 생각된다. 이 밖에도 진화론을 소개하거나 이를 토대로 해 쓴 단행본들이 많았다.[17] 그중 《진명휘론》의 본문 첫머리에

"인류하이귀이 기능혁신진화야(人類何以貴以 其能革新進化也), 생물유미생지충 연이위인(生物由微生之蟲 衍而爲人), 기중부지기경천공지도태(其中不知幾經天工之淘汰), 물류지도태(物類之淘汰), 시개량변신(始改良變新), 이위직척원로방지지인(而爲直脊圓顱方趾之人), 차기가귀일야(此其可貴一也)"

'인류는 어떻게 혁신적인 진화를 이룰 수 있었는가? 생물은 작은 미생물로부터 파생돼 사람이 됐을 것이다. 그 과정에서 몇 번의 도태를 거쳐 새롭게 태어났는지는 모르지만, 곧은 척추와 둥근 머리, 각진 발가락을 가졌다는 사실만으로도 인간은 귀중한 것이라 할 수 있다.'

라고 했듯이 인류가 귀한 것은 혁신이고 진화하기 때문이라 했고 책의 전반적인 내용이 진화론을 토대로 해 쓰여있다. 이 밖에도 신문의 논설에서 많이 다루고 있었다.

'국민의 마음을 진작(振作)하여 희망을 안고 날로 문명이 진보하여 황금국토를 일으키는 자 진화설이오. (…)'[18]
또 '(…) 거연히 유사 이래 창견의 신천지를 만들었으니 작금이 누구의 공인가. 바로 다윈의 공이다. 다윈은 어떤 재주로 이 공을 이루었는가. 바로 그의 저서 《경쟁진화론》이 그것이다. 다윈의 출현 이전에는 (…) 다윈이 출현함으로써 우주의 진리를 탐하여 역사의 공례를 넓히어 인류는

원래 진화요 퇴화가 아님을 발현한 것이다. (…)'[19]

진화론이 이처럼 진보의 관념과 결부돼 있었으므로 고정적인 선입관을 타파하고 밝은 전망을 갖게 했다. 1900년대는 우리나라 정세가 숨 막힐 정도로 각박했었다. 1904년 2월에 러일전쟁이 일어나자 나라는 한 층 더 위기에 부딪히게 됐다. 지식인들은 이러한 상황을 설명하면서 우선 민족이 서로 생존경쟁하는 시대임을 알아야 한다고 설명했다. 윤효정이 「생존의 경쟁」이란 제목으로 연설한 내용을 보면[20]

'(…) 우리나라도 근년에 세계의 풍조가 유입돼 4천 년 이래로 쇄폐했던 항만이 일개하니 외인의 침입이 일증월가함으로 생존경쟁의 극렬을 곧 깨달을 것이다. (…) 대개 우승열패는 세상의 상이며 약육강식은 현세의 법칙이거늘 우리나라의 형편을 비추어보아 매우 안타까워할 자가 있으리니 (…) 생존경쟁을 부지(不知)하면 개인이 능히 판도의 면을 불변할 자가 있지 못하니 금일 20세기에 생존하는 우리 동포들은 생존경쟁의 요의(要義)를 정성스레 탐구하실지어다.'

라고 해 생존경쟁이 사회의 보편적 원리라고 했다.

진화론은 이처럼 각 민족이 생존경쟁하고 팽배하는 현실을 우승열패, 적자생존이라는 살풍경한 논리로 설명했으므로 자연히 국가의 독립유지와 보종, 즉 민족의 보전문제를 심각하게 생각하게 됐다. 진화사상을 바탕으로 한 이러한 논설은 여러 곳에서 볼 수 있고[21], 구한말 개화파들의 철학적 기반을 이루고 있었던 것 같다.

진화론을 받아들임으로써 지식인들 사이에 신민사상을 주장하게 됐다. 이는 직접적으로 량치차오의 영향이 크다. 또한 진화론을 수용함으로써 국민들의 역사의식이 고조됐다. 위기에 있는 현실을 그대로 보아넘길 수 없고 이에 대한 극복이 논의됐었다. 량치차오는 인군진화의 현상을 서술해 그 공리공례(公理公例), 즉 법칙을 구하는 학문이 역사라고 정의했다.

구한말의 진화론은 '사회진화론'을 가리키며 '생물진화론'은 거의 외면당하고 있었다. 사회진화의 핵심을 이루고 있는 것은 생존경쟁, 우승열패, 적자생존과 같은 것으로 다윈 진화론의 일부만이 강조되고 있었기 때문에 '다위니즘'의 진정한 이해는 드물었던 것 같다. 당시의 진화론 수용의 특색은 개화 지식인의 이론적 근거를 제시했고 약간의 동물진화론은 논의됐으나 식물진화에 관한 것은 찾아볼 수 없다.

따라서 '신종의 형성'이라는 진화 메커니즘은 변이, 자연도태, 격리, 최적자생존 등이 다루어져야 하는데, 당시의 사회정세가 '사회진화'로 기울어져 진화과정은 연계적·직선적 발전으로 받아들여진 것 같다.

일제 하에서 진화는 주로 일본 사람들에 의해서 사색됐다. 8.15 해방 후 현재까지 공간적인 생명 연구는 속출하고 있지만 진화학적 연구는 드물다. 그러나 생물학자들은 대부분 진화사상을 기초로 해 연구하고 있으며 근년에 와서는 지질학은 물론 화학자들도 진화사상에 입각해 이론을 전개하려는 움직임이 싹트고 있다.

---

1   이광인, 「구한말 진화론의 수용과 그 영향」,《세림한국논총》, 제1집, pp. 207~247;《한국개화사상연구》, pp.255~287(1979), 일조각.
이광인, 「개화파의 개신교관」,《역사학보》, 제66집, pp.27~28 (1955), 역사학회;《한국개화사상연구》, pp.224~225(1979), 일조각 (이 장의 많은 부분을 여기서 인용했다).

2   1906년 11월에 평안도 용천군 광화면에 설립했다.

3   《대한매일신보》(1960. 12. 15), 「광화교황」.

4   중국에서 번역할 때, '우승열패'는 '생존경쟁'(struggle for existence)을 의미하는 한편 '최적자생존'(survival of the fittest)은 '물경천택'(物竞天择)이라고 했다.

5   《한국사자료선집》, 「최근세편」, pp.222(1973. 11), 일조각.

6   evolution을 일본에서는 '진화론'이라 했고 중국에서는 '천연론', 또는 '연화론'이라 번역했다.

7   유길준이 진화학자 Edward Sylvester Morse(1838~1925)의 지도를 받았기 때문에 그의 진화사상을 흡수했을 것으로 추측한 듯하다. 그의 대표적인 저서는 《서유견문》, 20편, 556쪽(개국 504년 4월 24일), 교순사(일본), 한글을 혼용한 최초의 책이었다. 그가 소개한 생물학자 중에는 정통적 진화학자는 없다(pp. 331~332).

8   프랑스인 뷔퐁, 영국인 이래즈머스 다윈, 독일인 괴테 등이다.

9   T. H. Huxley, *Lectures on Origin of Species*(1862), London은 이택수 역 《생종원시론》(1879)으로, 다윈 The Descent of Man의 제2

판(1874)은 코즈 센자부로(神津專三郞) 역《인조론》(1881) 등으로 나왔다.

10 유길준,《경쟁론》, 유길준 전서, 4권(1971. 5.), 일조각.

11 1896년 역고를 완성하고 다음 해 톈진에서 발간되는 잡지《국문보》에 게재했다가 1898년 단행본으로 출간했다.

12 《소호당집》, 4권, 4면(1909), 준남서국(淮南書局), 상해, 증시 삼수 중 제1수이다.

13 김구용,「백화실 일기」,《수필문학》(1973. 9), p.17, 수필문학사.

14 1898년 11월부터 1901년까지 발행됐다.

15 1902년 1월부터 1907년 10월까지 발행됐다.

16 1903년 2월에 상해 광지서국(廣智書局)에서 18책으로 발행됐다. 이 책은 이듬해 1904년 8월에 다시 간행됐다.

17 「인군진화론」,「세계진화사」,「족제진화론」,「19세기 구주문명진화론」(중국인 진국용의 글을 1908년 4월에 이채우가 번역한 것), 이종태 저,《진명휘론》(1906. 10), 상하 2권, 1책.

18 「진화와 강쇠」,《대한매일신보》논설(1906. 2. 8).

19 「경쟁진화론의 대개」,《대한매일신보》논설(1909. 8. 1)인데 여기서 「경쟁진화론」이란 다윈의《종의 기원》을 말한 듯하다.

20 《대한자강회월보》, 제11호(1907. 5. 25).

21 「세계의 추세」(「20세기 신국민」 중에서),《대한매일신보》(1910. 2. 22~27).

22 박성흠,「애국론」,《서우학회월보》, 창간호(1906. 12. 1).

23 장지연,《대한자강회월보》, 제5호(1908. 11. 25).

24 박상용,「교육이 밝아지지 않으면 생존할 수가 없다」,《태극학보》, 제10호(1907. 5. 24).

생명의 진화

처음 읽는 진화 입문서

초판 1쇄   1989년 5월 15일
개정 1쇄   2023년 7월 11일

지은이   박상윤
펴낸이   손영일
펴낸곳   전파과학사
등록   1956년 7월 23일 제10-89호
주소   서울시 서대문구 증가로 18, 204호
전화   02-333-8877(8855)
팩스   02-334-8092
이메일   chonpa2@hanmail.net
홈페이지   www.s-wave.co.kr
블로그   http://blog.naver.com/siencia

ISBN   978-89-7044-609-7 (03470)